土木基礎力学

工学博士 笠井 哲郎
Ph.D.
工学博士 島﨑 洋治 共著
Ph.D. 中村 俊一
博士（工学） 三神 厚

コロナ社

まえがき

　晴れて土木工学科に入学し，数学や物理学から解放されたと思っている大学1年生は少なくないようである．しかし実際には，土木工学科の専門課程では，「構造の力学」，「水の力学」，「土の力学」のような力学系の専門科目を習う際，数学や物理学（力学）がたびたび登場する．そして，それらに圧倒され，場合によってはつまずいてしまうことも少なくない．そのような場合には，高校の教科書に立ち返って勉強する必要があるのだが，教科書のどこを見たらよいかわからず五里霧中をさまよってしまう場合もある．もしここで諦めてしまったら，専門課程の勉強にはついていけず，土木工学の力学系科目を毛嫌いしてしまうことになる．

　本書は，大学の土木工学科で必要な力学を初めて学ぶ学生（おもに1年生）がつまずかないよう，高校の数学や物理学（力学）の復習を多く取り込んだ入門書で，東海大学や他大学で長年にわたり材料力学や構造力学の教育に携わってきた4名の教員によって執筆されたものである．例えば，sin, cosのような三角関数の知識は土木の力学系科目では頻繁に登場するのだが，本書では土木基礎力学の学習で必要となる箇所で説明を加えている．これによって，多くの学生は高校の教科書までさかのぼらなくてもよいようにした．しかし，もし根本的に理解ができていない場合には，その数学や力学の内容に関して，高校の教科書や参考書に立ち返って，しっかり学習し直してほしい．

　「構造の力学」，「水の力学」，「土の力学」などの本格的な土木力学は，多くの土木課程で2年次あるいは3年次に学習することになる．本書では，それら土木分野に共通する力学的な内容の基礎部分を横断的に網羅するとともに，難

易度の高い問題は割愛し，典型的な問題を例題として採用し，できるだけ丁寧に解説している。これによって，大学で土木工学を専攻した初学者がつまずくことなく，その先の専門基礎科目へとスムーズに進めるようにした。もし専門課程でつまずいたら，また本書に戻って復習してほしい。

本書を上梓するにあたって，5章については東海大学工学部土木工学科の寺田一美准教授に原稿をチェックしていただきました。また，コロナ社の関係各位にはたいへんお世話になりました。この場を借りて深く感謝いたします。

2018年2月

著者一同

執筆分担

笠井 哲郎	2章
島﨑 洋治	4章
中村 俊一	3章
三神 厚	1，5章

目　　　次

1. 力とモーメント

1.1 力　と　は ……………………………………………………………… *1*
 1.1.1 力　と　は ………………………………………………………… *1*
 1.1.2 力　の　種　類 …………………………………………………… *2*
 1.1.3 力　の　表　現　法 ……………………………………………… *2*
 1.1.4 力　の　単　位 …………………………………………………… *3*
 1.1.5 力の作用線の法則 ………………………………………………… *3*
1.2 力の合成と分解 ………………………………………………………… *4*
 1.2.1 ベクトル演算 ……………………………………………………… *4*
 1.2.2 力　の　合　成 …………………………………………………… *5*
 1.2.3 力　の　分　解 …………………………………………………… *6*
1.3 モーメント ……………………………………………………………… *7*
 1.3.1 シーソーのつり合い ……………………………………………… *8*
 1.3.2 モーメントの概念 ………………………………………………… *8*
 1.3.3 モーメントの図示法 ……………………………………………… *9*
1.4 力のつり合い …………………………………………………………… *9*
 1.4.1 2力のつり合い …………………………………………………… *10*
 1.4.2 3力のつり合い …………………………………………………… *10*
 1.4.3 力　の　三　角　形 ……………………………………………… *11*
 1.4.4 1点で交わる力のつり合い（多数の力がある場合） …………… *11*
 1.4.5 1点で交わらない力のつり合い ………………………………… *12*
1.5 剛体のつり合い ………………………………………………………… *12*
 1.5.1 剛体と質点 ………………………………………………………… *12*
 1.5.2 力のモーメント …………………………………………………… *13*

1.5.3　モーメントのつり合い……………………………………………… 13
　　1.5.4　偶　　　力………………………………………………………… 14
　　1.5.5　剛体のつり合い……………………………………………………… 14
1.6　分布荷重を集中荷重へ置換え……………………………………………… 15
1.7　力と変位の関係から，応力とひずみの関係へ…………………………… 16
　　1.7.1　断面積が異なる場合（長さは同じ）……………………………… 17
　　1.7.2　部材の長さが異なる場合（断面積は同じ）……………………… 18
　　1.7.3　フックの法則………………………………………………………… 18
章　末　問　題……………………………………………………………………… 19

2. 構造材料の種類と特性

2.1　構造材料の役割と重要性………………………………………………… 21
2.2　材料の力学的性質…………………………………………………………… 22
　　2.2.1　応　　　力…………………………………………………………… 22
　　2.2.2　ひ　ず　み…………………………………………………………… 25
　　2.2.3　応力とひずみの関係………………………………………………… 31
2.3　各種部材に生ずる応力と変形……………………………………………… 34
　　2.3.1　引　張　部　材……………………………………………………… 34
　　2.3.2　圧　縮　部　材……………………………………………………… 36
　　2.3.3　リベット継手………………………………………………………… 38
　　2.3.4　温度変化を受ける部材……………………………………………… 39
2.4　組合せ応力…………………………………………………………………… 40
　　2.4.1　単純引張を受ける場合の応力状態………………………………… 41
　　2.4.2　2軸方向に垂直応力が同時に作用する場合の応力状態………… 42
　　2.4.3　たがいに垂直な2方向のせん断力が作用する場合……………… 43
　　2.4.4　2軸方向に垂直応力とせん断力が同時に作用する場合………… 44
2.5　モールの応力円……………………………………………………………… 47
　　2.5.1　円の方程式…………………………………………………………… 47
　　2.5.2　モールの応力円の誘導……………………………………………… 48
　　2.5.3　モールの応力円の描き方…………………………………………… 49
章　末　問　題……………………………………………………………………… 50

3. 静定トラスの基礎

- 3.1 静定トラスを理解するために必要な数学や力学 …………………… 53
- 3.2 静定トラス構造の概要 …………………………………………… 58
- 3.3 支点反力 …………………………………………………………… 60
- 3.4 トラスの解法 ……………………………………………………… 62
  - 3.4.1 節点法 ………………………………………………………… 62
  - 3.4.2 断面法 ………………………………………………………… 64
- 章末問題 ………………………………………………………………… 68

4. 静定ばりの基礎

- 4.1 静定ばりを理解するために必要な数学や力学 ……………………… 71
  - 4.1.1 微分 …………………………………………………………… 71
  - 4.1.2 積分 …………………………………………………………… 72
  - 4.1.3 微分方程式 …………………………………………………… 72
- 4.2 静定ばりの概説 …………………………………………………… 73
- 4.3 支点反力 …………………………………………………………… 75
- 4.4 断面力 ……………………………………………………………… 78
- 4.5 断面力と荷重の関係 ……………………………………………… 79
- 4.6 断面の性質 ………………………………………………………… 88
  - 4.6.1 断面1次モーメント ………………………………………… 88
  - 4.6.2 断面2次モーメントと曲げ応力 …………………………… 91
  - 4.6.3 軸の移動による断面2次モーメントの変化 ……………… 92
  - 4.6.4 断面1次モーメントとせん断応力 ………………………… 94
- 4.7 たわみ ……………………………………………………………… 96
  - 4.7.1 曲率の微分方程式 …………………………………………… 96
  - 4.7.2 たわみの微分方程式 ………………………………………… 98
  - 4.7.3 モールの定理と共役ばり …………………………………… 101
- 章末問題 ………………………………………………………………… 103

5. 静 水 力 学

5.1 静水力学に関する基礎知識 ……………………………………… *106*
  5.1.1 圧 力 と は …………………………………………… *106*
  5.1.2 水の密度と質量，重量 ………………………………… *107*
5.2 単 位 と 次 元 …………………………………………………… *108*
  5.2.1 単　　　位 …………………………………………… *108*
  5.2.2 SI 接 頭 語 …………………………………………… *109*
  5.2.3 次　　　元 …………………………………………… *110*
5.3 水 の 圧 縮 性 …………………………………………………… *110*
5.4 静　水　圧 ……………………………………………………… *111*
  5.4.1 静水圧の等方性 ………………………………………… *111*
  5.4.2 静水圧の大きさ ………………………………………… *113*
5.5 矩形平面に作用する静水圧 ……………………………………… *114*
  5.5.1 静水圧の大きさ ………………………………………… *114*
  5.5.2 全静水圧の作用位置 …………………………………… *115*
5.6 任意形状の平面に作用する静水圧 ……………………………… *117*
  5.6.1 静水圧の大きさ ………………………………………… *118*
  5.6.2 全静水圧の作用位置 …………………………………… *118*
5.7 傾斜平面に作用する静水圧 ……………………………………… *120*
  5.7.1 静水圧の大きさ ………………………………………… *120*
  5.7.2 全静水圧の作用位置 …………………………………… *121*
5.8 曲面に作用する静水圧 …………………………………………… *123*
章 末 問 題 ……………………………………………………………… *125*

付　　　録 ……………………………………………………………… *127*
引用・参考文献 ………………………………………………………… *128*
章末問題の解答 ………………………………………………………… *129*
索　　　引 ……………………………………………………………… *148*

—1— 力とモーメント

土木構造物にはさまざまな**力**（force）がはたらく。例えば，橋には自動車の**荷重**（load）が作用するし，ダムなら水圧が作用する。加えて，構造物自身の重さ（**自重**（own weight）という）も支えなくてはならない。日本は地震国なので地震による力もたびたび作用するし，台風などによる強風によっても構造物に力が作用することになる。土木構造物は，このようなさまざまな力に耐えなければならない。そのため，力について理解することはたいへん重要である。

本章では，力とは何かについて，その表現法や単位，分類から始め，その合成や分解，さらに，**力のつり合い**（equilibrium of forces）へと説明を進めていき，**力のモーメント**（moment of force）についても説明する。

なお，本章では，高校物理の参考書[1]を参考にして，高校物理（力学）から大学の土木工学課程の力学へスムーズに移行できるような説明を心がけた。

1.1 力 と は

1.1.1 力 と は

高校物理の参考書[1]によると，**力**（force）とは，① 物体を変形させるもの（図1.1），② 速度を変化させるもの（重力，バットによる打撃）とある。本書

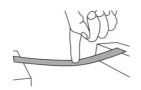

図1.1 力のイメージ

では，静止した物体に作用する力のつり合いを学問対象とする静力学（statics）について学ぶ。

力そのものは目に見えない。目に見えるのは，力が作用した結果で，物体が変形している様子を見て，力が作用していることをうかがい知るのである。力の作用の仕方については，接触するほかの物体から接触面に直接に力を受ける場合や，例えば，重力のように非接触で力を受ける場合もある。

1.1.2 力の種類

土木構造物には，ある1点に「集中」して作用するとみなせる荷重もあれば，雪による荷重，あるいは自重のように「分布」して作用する荷重もある（図1.2）。前者は**集中荷重**（concentrated load）と呼ばれ，1本の矢印で表される。後者は**分布荷重**（distributed load）として矢印の集合体で表される。まずここでは，いろいろな力の基礎となる集中荷重について説明していく。

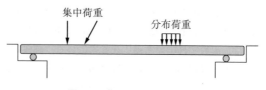

図1.2 集中荷重と分布荷重

1.1.3 力の表現法

土木工学分野では，通常，力の「大きさ」と「向き」を矢印で表現する（図1.3）。矢印の大きさ（長さ）が力の大きさ，矢印の向きが力の向きである。そ

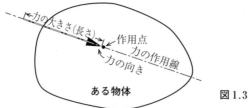

図1.3 力の3要素

の矢印の大きさ，方向と向き，作用位置を変えることでさまざまな力を表現することができ，これらを**力の3要素**という。矢印で与えられた力は**ベクトル**（vector）と呼ばれ，その演算はベクトル演算の方法に従う。1.2節では，ベクトル演算の基礎を復習する。

1.1.4 力の単位

力の単位はN（ニュートン）で表される。1Nとは，1kgの質量に1（m/s^2）の加速度が作用するときの力である。すなわち

$$1\,\mathrm{N} = 1\,\mathrm{kg} \times 1\,\mathrm{m/s^2}$$

である。しかし，1 m/s^{2}の加速度がどのようなものか直感しづらい。そこで，重力で考えると，重力加速度gは，$1g \fallingdotseq 9.80665$ m/s^{2}であるから，おおむね102 gの物体の重さが1Nである（$0.102\,\mathrm{kg} \times 9.80665\,\mathrm{m/s^2} \fallingdotseq 1.00\,\mathrm{N}$）。われわれがよく手にする500 ccのペットボトルの水は，（容器の重さを無視して）ほぼ5Nということになる。

より大きい荷重を扱う場合には，例えば，kN（キロニュートン）のような単位が用いられることもある。ここでkはキロのことで1000を意味するから，1 kNは1000 Nのことである。

なお，力の単位として，ダイン（dyne，単位記号はdyn）が用いられることもある。1ダインは

$$1\,\mathrm{dyn} = 1\,\mathrm{g} \times 1\,\mathrm{cm/s^2} = 1\,\mathrm{g \cdot cm/s^2}$$

である。

1.1.5 力の作用線の法則

力が作用する位置を**作用点**という。作用点を通り力が作用する方向にひいた線を**作用線**という（図1.3参照）。ある物体に作用する力は，その力の作用点を作用線上のどこに移動しても，そのはたらきは変わらない。これを**力の作用線の法則**という。

1.2 力の合成と分解

1.2.1 ベクトル演算

図 1.4 (a) において，ベクトル $\vec{a}$ とベクトル $\vec{b}$ の和を計算するには，ベクトル $\vec{b}$ を破線の位置に平行移動してベクトル $\vec{a}$ の終点とベクトル $\vec{b}$ の始点をつなげればよい．このとき，$\vec{a}$ の始点と $\vec{b}$ の終点を結んでできたベクトル $\vec{c}$ が $\vec{a}$ と $\vec{b}$ の和である．すなわち

$$\vec{a} + \vec{b} = \vec{c} \tag{1.1}$$

である．もし，各ベクトルの成分が与えられている場合には，x 成分，y 成分どうしを足せばよい．すなわち，$\vec{a} = (a_1, a_2)$，$\vec{b} = (b_1, b_2)$ なら

$$\vec{c} = \vec{a} + \vec{b} = (a_1 + b_1, a_2 + b_2) \tag{1.2}$$

である．大きさが等しく，向きが反対の 2 つのベクトルの和はゼロベクトルとなる（図 (b)）．すなわち

$$\vec{a} + (-\vec{a}) = \vec{0} \tag{1.3}$$

であり，成分で表現すると，次式となる．

$$\vec{a} + (-\vec{a}) = (a_1, a_2) + (-a_1, -a_2) = (0, 0)$$

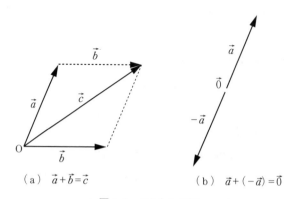

(a) $\vec{a} + \vec{b} = \vec{c}$ (b) $\vec{a} + (-\vec{a}) = \vec{0}$

図 1.4 ベクトルの和

1.2.2 力の合成

力の合成の仕方には2種類の方法がある。1つは，**平行四辺形の法則**である（**図 1.5**（a））。この方法では，ベクトル$\vec{a}$とベクトル$\vec{b}$を2辺として平行四辺形を描いたとき，その対角線の大きさと向きが合成した結果となる。

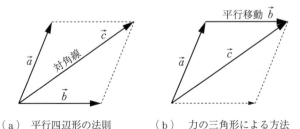

（a）平行四辺形の法則　　（b）力の三角形による方法

図 1.5 力の合成の方法：$\vec{a}+\vec{b}=\vec{c}$

もう1つは，**ベクトルの加法（足し算）**に従う方法である。図（b）のように，$\vec{b}$の始点を$\vec{a}$の終点に平行移動したとき，$\vec{a}$の始点と$\vec{b}$の終点を結ぶベクトル$\vec{c}$が合成結果である（**力の三角形による方法**）。

解析的に（数式を使って）解く方法もある。2力の合成を求めるには，**図 1.6**において

$$c^2 = (b + a\cos\theta)^2 + (a\sin\theta)^2$$
$$= b^2 + a^2(\sin^2\theta + \cos^2\theta) + 2ab\cos\theta$$
$$= a^2 + b^2 + 2ab\cos\theta$$

となる。ゆえに

$$c = \sqrt{a^2 + b^2 + 2ab\cos\theta} \tag{1.4}$$

である。ただし，$a=|\vec{a}|$，$b=|\vec{b}|$，$c=|\vec{c}|$としている。合成結果が水平軸となす角度φは，次式のようになる。

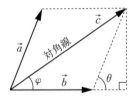

図 1.6 力の合成：$\vec{a}+\vec{b}=\vec{c}$

$$\tan\varphi = \frac{a\sin\theta}{b+a\cos\theta} \tag{1.5}$$

1.2.3 力の分解

ある力を2つの力に分解するには，平行四辺形の法則を逆に使えばよい．すなわち，もとの力を対角線とする平行四辺形を作ると，2辺のベクトルがそれぞれ分力となる．分解したい2つの方向が変わるごとに，異なる分力が求められる．ここでは例として，あるベクトル $\vec{F}$ を直交する2方向（x 成分と y 成分）に分解する場合を考える（**図 1.7**）．$|\vec{F}|=F$ として

$$\left.\begin{array}{l} F_x = F\cos\theta \\ F_y = F\sin\theta \end{array}\right\} \tag{1.6}$$

である．ただし，θ は合力 F と x 軸とのなす角度である．

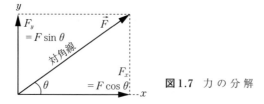

図 1.7　力の分解

分力の作用線を指定すれば，任意の2方向に力を分解することが可能である．いま，ある力 $\vec{P}$ を直交しない2方向 x_1 軸と x_2 軸の方向に分解することを考える（**図 1.8**）．力 $\vec{P}$ が x_1 軸となす角度を θ，x_1 軸と x_2 軸のなす角度を β とし，x_1 軸方向，x_2 軸方向へのそれぞれの分力の大きさを X_1, X_2 とすれ

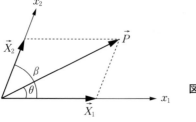

図 1.8　任意の2方向への力の分解

ば，$X_1 \sin \beta = P \sin (\beta - \theta)$ の関係があるので

$$X_1 = \frac{\sin (\beta - \theta)}{\sin \beta} P \tag{1.7}$$

となる．

また，$X_2 \sin \beta = P \sin \theta$ なので

$$X_2 = \frac{\sin \theta}{\sin \beta} P \tag{1.8}$$

の関係も得られる．すなわち，分力 $\vec{X}_1$, $\vec{X}_2$ をもとの力 $\vec{P}$ と，力 $\vec{P}$ や2軸 x_1, x_2 がなす角度 β, θ で表現することができる．

例題 1.1 図1.9のように，点Oに斜めに作用する荷重 $P = 100$ kN を P_x と P_y に分解せよ．

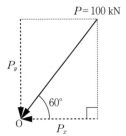

図1.9 力の分解

解 答

$$P_x = P \cos 60° = 100 \text{ kN} \times \frac{1}{2} = 50 \text{ kN}$$

$$P_y = P \sin 60° = 100 \text{ kN} \times \frac{\sqrt{3}}{2} = 86.6 \text{ kN} \qquad \blacklozenge$$

1.3 モーメント

モーメントの概念をはじめて学ぶ学生が，その概念を理解するために身近な例を取り上げて説明する．

1.3.1 シーソーのつり合い

いま，図1.10のように，体重50kgの母親と体重20kgの子供が公園でシーソーに乗る場合を考える。

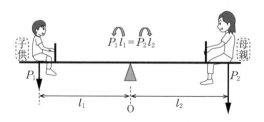

図1.10 シーソーのつり合い：(「力P」×「支点Oからの距離」) が重要

このとき，母親のほうが体重が重いからといって，いつも母親側が下がるようにシーソーが傾くわけではない。座る位置によっては（支点からの距離によっては），体重の軽い子供のほうが下がることもある。ここで，無意識のうちに考えているのがモーメントの概念である。すなわち，この場合は，支点Oに関して，$P_1 \times l_1$という量が反時計まわりにシーソーを回転させる方向に作用し，$P_2 \times l_2$という量が時計まわりにシーソーを回転させる方向に作用する。これら，$P_1 \times l_1$や$P_2 \times l_2$のように，単に力でなく，力に長さをかけてある物体を回転させようとする作用（量）のことを**モーメント**（moment）という。なお，ここで考えている「長さ」とは，支点Oからそれぞれの力の作用線までの垂直距離のことで，これを**うでの長さ**（アーム，arm）と呼ぶ。

1.3.2 モーメントの概念

ある物体にPという力が作用するとき，その作用線からaだけ離れた点Oに関するモーメントは，図1.11においてつぎのように表される。すなわち，点Oまわりの力のモーメントMは

$$M = P \times a \tag{1.9}$$

のように，「力」×「うでの長さ」で表される。ここで，うでの長さaとは，回転軸Oから力の作用線までの垂直距離であることに注意が必要である。モ

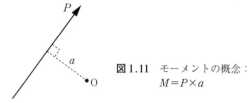

図 1.11　モーメントの概念：
$M = P \times a$

ーメントの計算において，うでの長さとは，回転軸 O から力の作用線までの垂直距離であることから，力を作用線上のどこに移しても，ある点まわりのモーメントの値は変わらない。

1.3.3　モーメントの図示法

モーメントを図示するには，その大きさ，向き，回転軸を表現しなければならない（作用面は紙面 = 2 次元平面とする）。そのために，図 1.12 のように，円弧に矢印をつけた形で表し，向きと回転軸を表現する。この場合は，点 O が回転軸で，点 O を時計まわりに回転させるモーメントを表現している。時計まわりを＋（プラス）と定義すると，反時計まわりのモーメントは−（マイナス）として取り扱われる。力を矢印で表現した際に，矢印の長さで力の大きさを表現したが，モーメントを表現する場合は異なる。円弧の長さはモーメントの大きさとは関係なく，モーメントの大きさは数字を添えて表現する。図 1.12 の例では，時計まわりに $M = 32.5 \, \text{kN·m}$ のモーメントが作用していることを表現している。

　　×　$M = 32.5 \, \text{kN·m}$　　図 1.12　モーメントの図示法
　　O

1.4　力のつり合い

物体にはたらく複数の力の合力が 0 になるとき，あるいは，複数の力が 1 つの物体に作用し，その物体の運動や静止の状態になんらの変化も与えないと

き，これらの多くの力は**つり合っている**（equilibrium of forces）（あるいは，**物体は**つり合いの状態（equilibrium condition）にある）という。以下，最も簡単な2力のつり合いから3力のつり合い，さらに多数の力のつり合いへと，順を追って説明する。

1.4.1 2力のつり合い

同一作用線上にあり，大きさが等しく，向きが反対の2つの力はつり合っている。数学的にいうと，図1.4（b）で考えたベクトル和がゼロになることに相当し次式で表される。

$$\vec{a}+(-\vec{a})=\vec{0} \tag{1.10}$$

1.4.2 3力のつり合い

図 1.13 において，1点（O点）に作用する3つの力 $\vec{P_1}, \vec{P_2}, \vec{P_3}$ がつり合っているとすると，2つの力 $\vec{P_2}$ と $\vec{P_3}$ の合力は $\vec{P_4}=\vec{P_2}+\vec{P_3}$ であり，$\vec{P_4}$ はもう1つの力 $\vec{P_1}$ と同一作用線上にあり，大きさが等しく向きが反対である。すなわち，3つのうちの2つの合力を考え，その合力と残り1つの力とのつり合いを考えると，これらの力は同一作用線にあり，大きさが等しく，向きが反対となっている。

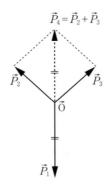

図 1.13　3つの力のつり合い

1.4.3 力の三角形

3つの力がつり合っているなら，その合力は0となる．すなわち，力の三角形は図1.14のように閉じる．3つの力がつり合うためには，3力の合力が0であることに加え，構造物の異なる位置に作用する3力については，それらの作用線が1点で交わる必要があることに注意が必要である．この条件がないと任意の2力の合力と，残りの力は作用線が一致しないため，物体にはたらく力はつり合わず，物体は回転してしまう．

図1.14 力の三角形：
$\vec{P}_1 + \vec{P}_2 + \vec{P}_3 = 0$

1.4.4 1点で交わる力のつり合い（多数の力がある場合）

ここまで，2つの力，あるいは，3つの力について力のつり合いを考えてきたが，1点で交わる多数の力 P_1, P_2, …がつり合い状態にあるための条件は，それらの合力が0であることである．これを図解法でいうと，力の多角形が閉じることに対応する．解析的には力の x 方向分力を X_1, X_2, …, y 方向分力を Y_1, Y_2, …, 合力を R として次式が成り立つ．

$$R = \sqrt{\left(\sum_i X_i\right)^2 + \left(\sum_i Y_i\right)^2} = 0, \quad \text{よって，} \sum_i X_i = 0, \sum_i Y_i = 0 \qquad (1.11)$$

なお，ここではモーメントのつり合いを考えていないが，これはすべての力の作用線がある1点Oの上を通るので，点Oに関するうでの長さはゼロとなり，モーメントがゼロになるからである．すなわち，1点で交わる多数の力のつり合いを考えるときは，モーメントのつり合いは考えなくてもよい．3章で学ぶ，トラス構造の「節点法」では，ある節点における力のつり合いを考えるが，すべての力が1点（節点）を通るため，モーメントのつり合いは考えなくてよい．

1.4.5　1点で交わらない力のつり合い

1点で交わらない多数の力 P_1, P_2, …がつり合うためには，それらの x 方向分力を X_1, X_2, …，y 方向分力を Y_1, Y_2, …，力 P_1, P_2, …の点Oに関するモーメントを M_1, M_2, …として，つぎの条件を満足しなければならない。

$$\sum X_i = 0, \quad \sum Y_i = 0, \quad \sum M_i = 0 \ at \ \mathrm{O}^\dagger \tag{1.12}$$

$\sum X_i = 0$, $\sum Y_i = 0$ は上下と左右方向への並進運動が起こらないこと，$\sum M_i = 0$ は回転運動が起こらないことを意味している。

1.5　剛体のつり合い

1.5.1　剛 体 と 質 点

剛体とは，力を加えても変形せず，かつ，ある大きさを持つ物体のことであり，それに力を加えると，力の作用点や力の方向によって，並進運動や回転運動をする（**図1.15**）。**並進運動**とは図（a）のように剛体全体が平行移動する運動で，**回転運動**では，図（b）のようにある軸まわりに剛体が回転する。質点を取り扱う場合は大きさがないので，並進運動のみ考えていることになる。

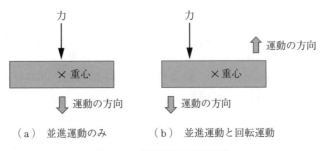

図1.15　並進運動と回転運動

剛体にはたらく力の作用は，作用点の位置，力の大きさ，作用線の向きによって決まる。剛体に働く力を作用線上で移動させても，力の作用は変わらな

---

† 点Oでモーメントの総和を考える。

い。すなわち，剛体にはたらく力は，作用線上ならどの位置に移動させても，物体の並進運動や回転運動を生じさせる効果は同じである（**図 1.16**）。

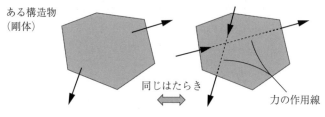

図 1.16　作用線上の力と移動

1.5.2　力のモーメント

モーメントは，剛体に回転運動をさせるはたらきがある。**図 1.17** において，点 O まわりの力のモーメントは，「力 P」×「うでの長さ l」で表される。うでの長さとは，回転軸 O から力の作用線までの垂直距離である。

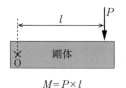

$M = P \times l$　　図 1.17　力のモーメント

1.5.3　モーメントのつり合い

図 1.18 のように，物体にいくつかの力がはたらいていて（F_1, F_2, F_3 な

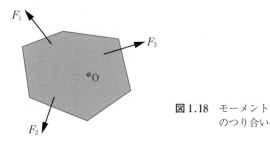

図 1.18　モーメントのつり合い

ど),それぞれの点Oに関するモーメントが M_1, M_2, M_3 などのとき,ある点まわりのモーメントの和が0,すなわち,$\sum M = 0$ならば,力のモーメントはつり合っており,物体は回転しない。物体のある点に対してモーメントがつり合っているならば,別の任意の点まわりでもつり合っている。

1.5.4 偶　　力

ある静止した物体に,大きさが等しく,向きが反対で,かつ,作用線が一致していない(交わらない)2力(**偶力**, couple)が働く場合を考える。2つの力を足すと0になるので,物体は並進運動しない。一方,モーメントは0でないので,物体は回転してしまう。2本の指でねじやふたをまわすのが偶力のイメージである。点Oまわりのモーメントを考えると,偶力のモーメントは,**図1.19**のように,次式で表される。

$$M = -Fx + F(a+x) = Fa \tag{1.13}$$

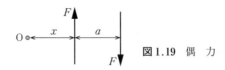

図1.19　偶　力

すなわち,偶力のモーメントは力の作用線間の距離によって決まり,回転軸の位置とは関係がない。

1.5.5 剛体のつり合い

剛体のさまざまな位置にはたらく多数の力 P_1, P_2, …がつり合うためには,それぞれの力の x 成分 X_i の和,y 成分 Y_i の和が0になることに加え,ある点まわりのモーメント M_i の和も0にならなくてはならない。すなわち

$$\sum X_i = 0, \quad \sum Y_i = 0, \quad \sum M_i = 0 \tag{1.14}$$

$\sum X_i = 0$, $\sum Y_i = 0$ は剛体の並進運動が起こらないこと,$\sum M_i = 0$ は回転運動が起こらないことを意味している。

例題 1.2　図1.20のように,剛な棒に $P = 100$ kN と V_A, V_B が作用し,

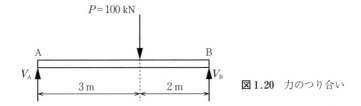

図 1.20　力のつり合い

つり合っている．このとき，V_A，V_B を求めよ．

　解　答　鉛直方向のつり合いから，$V_A + V_B = 100$ kN　　　　(1)
点Bに関するモーメントのつり合いから，$5V_A - 100$ kN $\times 2$ m $= 0$　　(2)
式 (1), (2) より，$V_A = 40$ kN，$V_B = 60$ kN に分解される．　　◆

1.6　分布荷重を集中荷重へ置換え

　ここまでは，力や荷重を集中荷重として扱い，1本の矢印で表してきた．それに対して，構造物の自重や雪荷重などは，荷重が分布して作用する．このように，分布して構造物に作用する荷重を分布荷重というが，そのうち，荷重の大きさが一様なものは**等分布荷重**（uniform load）と呼ばれ，単位長さ当りの荷重として表される。例えば，10 kN/m の等分布荷重とは，1 m 当り 10 kN の荷重が作用しているという意味で，もしこの荷重が長さ 5 m にわたり作用しているならば，10 kN/m $\times 5$ m $= 50$ kN が構造物に作用していることになる．

　構造物に作用する力のつり合いを考えるにあたり，分布荷重を集中荷重へ置き換えて考えると便利である．分布荷重を集中荷重へ置き換える際には，構造物に作用する力のつり合いに影響を与えないように置き換えなければならない．そのため，図 1.21 (a) のように，大きさ w_0 の等分布荷重が長さ l にわたり作用する場合には，$P = w_0 l$ という大きさの集中荷重で置き換え，かつ，その作用位置は，等分布荷重の中央となる．もし，図 (b) のように，分布荷重の分布形状が三角形状の場合には，$P = w_0 l/2$ という大きさの集中荷重が，三角形分布荷重の大きい側から $l/3$ のところに作用することになる．

16   1. 力とモーメント

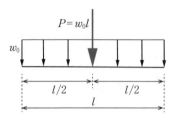 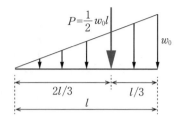

（a）等分布荷重 w_0 が長さ l に
　　わたって作用する場合

（b）分布荷重の分布形状が
　　三角形状の場合

図 1.21　分布荷重を集中荷重へ置換え

1.7　力と変位の関係から，応力とひずみの関係へ

高校物理では，ばねに作用する力とばねののび（変位）の比例関係を**フックの法則**（Hooke's law）として学び，**図 1.22** のような形で整理した。

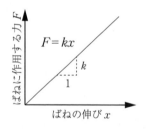

図 1.22　ばねに作用する力と
　　　　 ばねの伸びの関係

土木や建築で取り扱う部材（構造部材という）にもある「力」が作用して，その結果，ある「変位」が生じるわけであるが，その際，構造材料に作用する力はある値以下に抑えないと壊れてしまうし，変位が大きすぎるのもまずいので，十分に検討する必要がある。その際，高校で習ったフックの法則の考え方をそのまま適用してよいのだろうか？　構造部材にも「ばね定数」に相当するものが存在するのだろうか？　このような疑問について考えながら，高校物理から構造力学への橋渡しを行いたい。

土木で扱う構造材料には，さまざまなサイズのものがあるが，いま，ある断面，ある長さを有する直方体の部材を考えてみる（**図 1.23**，**図 1.24**）。ただ

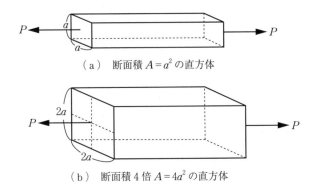

（a）断面積 $A = a^2$ の直方体

（b）断面積4倍 $A = 4a^2$ の直方体

図1.23 断面積が異なる場合（長さは同じ）

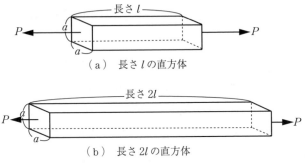

（a）長さ l の直方体

（b）長さ $2l$ の直方体

図1.24 部材の長さが異なる場合（断面積は同じ）

し，部材は同一の材料であり，硬さは一定とする。高校物理では，ある1本の「ばね」を取り扱えばよかったが，土木で扱う材料は，さまざまなサイズ（太さ，長さ）を有している。

1.7.1 断面積が異なる場合（長さは同じ）

図1.23（a）に示す直方体は，一辺の長さが a の正方形断面を有する部材である。加えて，図（b）には一辺の長さが $2a$ の正方形断面を有する部材も用意してある（すなわち，断面積は図（a）の4倍になる）。これらに，等しい力 P を加えてみると，それぞれの変位はどうなるであろうか？　直感的に図（a）のほうが部材の負担は大きいことがわかるであろう。その結果，同じ材

料の部材に同じ力を加えているのに、のびが異なってしまう。すなわち、図 (a) のほうが図 (b) に比べ、材料の負担が大きいことになる。この比較からわかることは、力で考えるだけでは構造部材の負担の程度まで考慮できないということである。この問題を整理するには、力そのものでなく、断面積当りの力 (P/A) で考えたほうがよさそうなことがなんとなくわかるであろう。じつは、この断面積当りの力 P/A のことを**応力** (stress) といい、ギリシャ文字の σ (シグマ) で表されることが多い。

1.7.2 部材の長さが異なる場合（断面積は同じ）

つぎに、先ほどと作用する力と部材の断面積は等しいが、長さが異なる場合を考えてみる。図 1.24 は、断面の一辺の長さが a の正方形断面を有する部材で、長さが l と $2l$ の部材である。これらに、等しい力 P を加えてみると、それぞれの変位はどうなるであろうか？ 直感的に図 (b) の部材のほうが図 (a) の部材に比べ伸びが大きいことがわかるであろう。その結果、同じ材料で同じ断面積の部材に同じ力を加えているのに、図 (b) のほうが伸びが大きくなる。この問題を整理するには、ばねの伸び（変位）そのものでなく、変位 x を部材長さ l で除した量 (x/l) で考えたほうがよさそうなことが何となくわかるであろう。この部材長さ当りの変位 x/l のことを**ひずみ** (strain) といい、ギリシャ文字の ε (イプシロン) で表されることが多い。

1.7.3 フックの法則

以上の結果を踏まえると、1.7.1 項の部材断面積が異なる比較では、4 本のばねを並列に並べて引っ張るケースに対応し、1 本のばねを同じ力で引っ張る場合に比べて部材の負担は 1/4 になるであろうし、1.7.2 項の長さが異なる例では、2 本のばねを直列につないだ結果、1 本のばねと同じ力を加えても 2 倍伸びてしまうことに対応するであろう。このような考察から、さまざまなサイズ（断面積や長さ）を有する構造部材を考える際には、「力」と「伸び（変位）」ではなく、「応力」と「ひずみ」の関係で構造部材の特性（ばね定数に相

当）を整理したほうがよさそうである。すなわち，$F=kx$ の代わりに以下のような式を考える。

$$\sigma = E\varepsilon \tag{1.15}$$

ここで，E は**弾性係数**（modulus of elasticity）または**ヤング係数**（Young's modulus）と呼ばれ，部材の硬さを表す部材固有の値である。この式も**フックの法則**と呼ばれ，構造力学の基礎をなす式である。

応力とひずみの関係について，詳しくは2章で学習する。

章　末　問　題

[1.1] 単位の変換
　1 N は 1 dyn の何倍か？

[1.2] 3力のつり合い
　図 1.25 に示すように点 O に $P_1 = 100\,\mathrm{kN}$ の荷重が加えられており，これを P_2，P_3 の2つの力で支えるとき，P_2，P_3 はいくらになるか？　ただし，これら3つの力のなす角度は，それぞれ 120° とする。（コラム【4.1】参照）

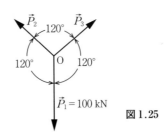

図 1.25

[1.3] 等分布荷重の集中荷重への置換え
　図 1.21（a）では等分布荷重を集中荷重に置き換えた。その結果，集中荷重の大きさを，「等分布荷重の大きさ w_0」×「分布長さ l」に置き換え，また等分布荷重の中央に作用させたが，それが正しい理由について説明せよ。

[1.4] 三角形状の分布荷重の集中荷重への置換え
　図 1.21（b）では三角形状の分布荷重を集中荷重に置き換えた。その結果，集中荷重の大きさは，「三角形分布荷重の最大値 w_0」×「分布長さ l」を2で割った値（三角形の面積に相当）とし，また集中荷重は三角形状の分布荷重の 1/3 の位置（大きい

側）に作用させたが，それが正しい理由について説明せよ。ただし，三角形分布荷重の最大値を w_0 とする。（例題 4.10 参照）

[**1.5**]　任意点でのモーメントを考えればよい理由

　ある物体として，剛な棒 AB を考える（**図 1.26**）。この物体に作用する種々の荷重によるモーメントのつり合いを考えるとき，ある1点（例えば点 B）についてのモーメントのつり合いを考えた。点 A については考えなくてよいのか？　すなわち，点 B についてもモーメントを考えれば，点 A についてもモーメントのつり合いがとれていることを説明せよ。

図 1.26

2
構造材料の種類と特性

1章や高校物理で学んだ力の合成や分解，または質点の運動などで対象としている物体は，力の作用により物体そのものは変形しない理論上の物体である。このような物体を**剛体**または**理想固体**というが，実際にはこのような物体は存在しない。構造物を構成する鉄鋼材料やコンクリートなどすべての物質（材料）は，荷重（力）が作用すると変形し，荷重の大きさと変形量には相関関係が存在する。さらに力が大きくなると変形も大きくなり，材料は破壊する。したがって，ある材料を用いて構造物を設計・製造するためには，荷重による変形と破壊についての知識が必要となる。

2.1 構造材料の役割と重要性

土木・建築構造物は，柱，はり（梁），スラブ（壁，床）などの部材の組合せにより構成されている。また，各部材には，鉄（鉄鋼），コンクリート，木材などの各種構造材料が使用されている。1章で学んだざまざまな力（外力，荷重）が構造物に作用した場合，その部材は変形し，部材内部には変形に抵抗する力が生じる。さらに，外力が大きくなり，ある限度を超えると構造物（部材）は破壊し，あるいは十分な強さ（耐力）を失う。したがって，安全で安定な構造物を設計するためには，外力を受ける構造物の変形と内部に生じる力およびそれらの相互作用を理解するとともに，構造物を成す構造材料の特性を知ることが重要となる。

土木・建築分野で用いられる主要材料は，コンクリートと鉄鋼材料である。これらの材料を用いて構造物を設計するには，2.2節で学ぶ「応力」，「ひず

み」および「応力とひずみの関係」などの材料の力学的性質を理解する必要がある。

2.2 材料の力学的性質

2.2.1 応　　力

構造物（部材）は，外力すなわち荷重が作用すると変形するが，同時にこの変形に抵抗しようとして外力と同じ大きさの力が部材内に生じる。この力を**内力**という。この内力の大きさを単位面積当りの値で表したものを**応力**（stress）と定義している。すなわち，応力は，一般に式（2.1）のように内力（＝外力）の大きさをそれが作用している面の断面積で除して計算される。

$$応力 = \frac{内力}{内力が作用する断面積} \tag{2.1}$$

応力には**図2.1**のように直応力（または垂直応力）とせん断応力に分類される。

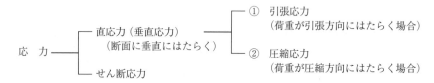

図2.1　応力の分類

〔1〕引　張　応　力

図2.2のような引張荷重 P が一様断面の棒部材の軸方向に加わった場合，部材内には外力に抵抗しようとする内力 $\sigma A (=P)$ が生じる。一様断面の場合，断面 t-t に内力が均等に分布すると仮定し，断面 t-t の面積を A とすると，**引張応力**（tensile stress）は式（2.2）で表される。

$$\sigma = \frac{P}{A} \tag{2.2}$$

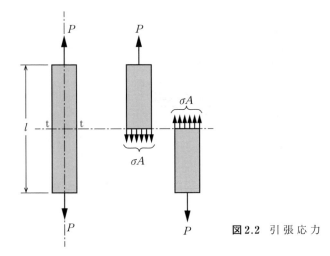

図2.2 引張応力

応力の単位は,荷重〔N〕と面積〔m²〕からN/m²である。また,Pa(パスカル)(=N/m²)も用いられる。一般に,構造物の設計などではN/mm²またはMPaがよく使用される。

ここで,$1×10^6 \text{N/m}^2=1 \text{N/mm}^2$,または$1×10^6 \text{Pa}=1 \text{MPa}$である。

例えば,直径20 cmの一様断面の棒部材に50 kNの引張荷重が作用する場合の引張応力の大きさは,断面積$A=10×10×\pi=314 \text{cm}^2=314×10^2 \text{mm}^2$,荷重$P=50 \text{kN}=50×10^3 \text{N}$として次式となる。

$$\sigma=\frac{P}{A}=\frac{50×10^3}{314×10^2}=1.59 \text{N/mm}^2(=1.59 \text{MPa})$$

〔2〕 圧 縮 応 力

図2.3のような圧縮荷重Pが一様断面の棒部材の軸方向に加わった場合,部材内には引張の場合と逆方向の内力が生じ,式(2.2)で算出される断面t-tに均等な**圧縮応力**(compressive stress)が発生する。圧縮と引張では作用する力の向きが逆なので,一般に引張荷重および引張応力の符号を"正",圧縮荷重および圧縮応力の符号を"負"として用いる。

例えば,一辺が30 cmの一様断面の棒部材に100 kNの圧縮荷重が作用する場合の圧縮応力の大きさは,断面積$A=30×30=900 \text{cm}^2=900×10^2 \text{mm}^2$,荷

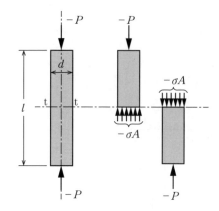

図 2.3 圧縮応力

重 $P=100\,\text{kN}=100\times10^3\,\text{N}$ として次式となる。

$$\sigma=\frac{P}{A}=\frac{-100\times10^3}{900\times10^2}=-1.11\,\text{N/mm}^2(=-1.11\,\text{MPa})$$

なお，引張応力と圧縮応力を総称して**直応力**または**垂直応力**（normal stress）という。

〔3〕**せん断応力**

図 2.4 のよう断面 t–t を切断しようとする力 Q を**せん断力**という。このせん断力によって部材の上下部分①，②は t–t 断面に沿って滑りを起こすが，これに抵抗しようとする応力が断面に平行に生じる。このような応力を**せん断応力**（shearing stress）いう。滑りに抵抗する応力が t–t 断面（断面積：A）に沿って一様にはたらくとすれば，せん断応力 τ は式（2.3）で表される。

$$\tau=\frac{Q}{A} \tag{2.3}$$

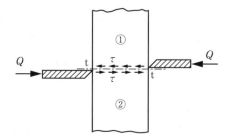

図 2.4 せん断力とせん断応力

実際にはせん断応力の分布は断面の形状により異なり一様にならないが，式(2.3)で計算される値は平均せん断応力として部材の設計などで用いられる。

〔4〕 その他の応力

荷重（外力）によって応力が発生するから，荷重の種類に対応して応力の種類がある。例えば，**図2.5**のように，曲げ荷重，ねじり荷重により生じる応力をそれぞれ**曲げ応力**，**ねじり応力**という。しかし，曲げ応力は引張応力と圧縮応力が同時に生じる場合であり，ねじり応力は断面にせん断応力が線形に分布する場合である。すなわち，複雑な荷重を受ける場合であっても，部材内の応力状態は，前述の〔1〕，〔2〕，〔3〕の3種類の応力およびそれらを組合せた応力に帰着する。

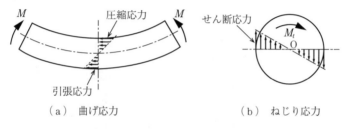

（a）曲げ応力　　　　　　（b）ねじり応力

図2.5　曲げ・ねじり荷重による応力

2.2.2　ひ　ず　み

荷重の作用などで部材に変形が起きたとき，その変形量を単位量当りの変形量で表したものを**ひずみ**（strain）と定義している。すなわち，式(2.4)のように変形量を部材の原寸法で除した値で計算される。

$$\text{ひずみ} = \frac{\text{変形量}}{\text{変形前の原寸法}} \tag{2.4}$$

変形（ひずみ）は，外力に抵抗しようとする内力（応力）によって生じるので，ひずみの種類は応力と同一である。したがって，ひずみには引張ひずみ，圧縮ひずみおよびせん断ひずみがある。

〔1〕 引張ひずみと圧縮ひずみ

図2.6のような長さ l,長径 d の一様断面の丸棒部材に,軸線に沿って引張力または圧縮力が作用すると,引張の場合には,部材は荷重方向に伸び,これと直角方向の直径は減少し(縮む),圧縮の場合には,引張とは逆に部材は荷重方向に縮み,これと直角方向の直径は増加する(伸びる)。荷重が作用している状態の部材の寸法を l', d' とすると,荷重方向の**変形量** λ と荷重に直角の方向の変形量 δ はそれぞれ次式で表される。

$$\lambda = l' - l, \quad \delta = d' - d \tag{2.5}$$

なお,λ は引張で正,圧縮では負(縮み)となり,δ は引張で負,圧縮で正である。

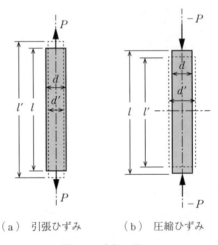

(a) 引張ひずみ　　(b) 圧縮ひずみ

図 2.6 垂直ひずみ

ひずみは,変形量を部材の原寸法で除した値であるので,荷重方向のひずみ ε は次式で表される。

$$\varepsilon = \frac{\lambda}{l} = \frac{l' - l}{l} \tag{2.6}$$

この式において,引張荷重によって生じるひずみを**引張ひずみ**(tensile strain),圧縮荷重によって生じるひずみを**圧縮ひずみ**(compressive strain)

といい，正負の符号をつけて区別する（引張ひずみは正，圧縮ひずみは負）。また，両者を総称して**縦ひずみ**（longitudinal strain）または**垂直ひずみ**（normal strain）という。

同様に，荷重と直角方向のひずみ ε' は次式で表される。

$$\varepsilon' = \frac{\delta}{d} = \frac{d'-d}{d} \tag{2.7}$$

このひずみを**横ひずみ**（lateral strain）といい，引張では負，圧縮では正の値となる。

前述したようにひずみは変形量を部材の原寸法で除した値，すなわち，長さを長さで除して計算されるので，**ひずみの単位**は無次元であり，桁数を示す 10^{-6} や μ，％などをつけて表示する。

〔2〕 ポ ア ソ ン 比

縦ひずみ ε と横ひずみ ε' の比を**ポアソン比**（Poisson's ratio）ν といい，次式で表される。

$$\nu = \left|\frac{\varepsilon'}{\varepsilon}\right| \tag{2.8}$$

引張または圧縮の場合それぞれ，縦ひずみ ε と横ひずみ ε' はつねに符号を異にするため，ポアソン比の計算は絶対値をつけて正で表す。ポアソン比は 0.5 より小さい値となり，構造用鋼材では約 0.3，コンクリートでは 0.15～0.2 などである。また，ポアソン比の逆数 $m = 1/\nu$ を**ポアソン数**（Poisson's number）という。

〔3〕 せん断ひずみ

せん断力によって生じるひずみを**せん断ひずみ**（shearing strain）といい，すべりの度合いで表す。**図 2.7** のように直方体の ABCD 面がせん断力 Q の作用により，平行四辺形 ABC′D′ に変形したとすると，すべりの変形量は DD′ または CC′ となる。また，∠DAD′ = ∠CBC′ = γ とすると，せん断ひずみは次式で表される。

$$\frac{DD'}{AD} = \frac{CC'}{BC} = \tan\gamma \fallingdotseq \gamma \quad (\because\ \theta \text{が微小の場合，} \tan\theta \fallingdotseq \theta) \tag{2.9}$$

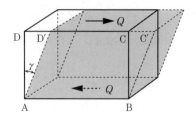

図2.7 せん断ひずみ

この式のようにせん断ひずみは角変位となり，ラジアン〔rad〕の単位を用いる。

〔4〕 その他のひずみ

（1） **体 積 ひ ず み**　　図2.8のような一辺がlの立方体にz軸方向に沿って一軸荷重Pが作用する場合を考える。この場合，立方体は体積変化を起こすが，この単位体積当りの体積変化の割合，すなわち，体積の変化量を元の体積で除した値を**体積ひずみ**（volumetric strain）ε_vという。

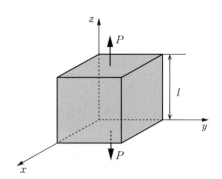

図2.8　z方向垂直力が作用する立方体

ここで，x, y, z軸方向の変形量を$\lambda_x, \lambda_y, \lambda_z$，ひずみを$\varepsilon_x, \varepsilon_y, \varepsilon_z$とすると

$$\varepsilon_v = \frac{(l+\lambda_x)(l+\lambda_y)(l+\lambda_z) - l^3}{l^3}$$

$$= \frac{\lambda_x + \lambda_y + \lambda_z}{l} + \frac{\lambda_x\lambda_y + \lambda_y\lambda_z + \lambda_z\lambda_x}{l^2} + \frac{\lambda_x\lambda_y\lambda_z}{l^3}$$

ここで，$\varepsilon_x = \lambda_x/l, \varepsilon_y = \lambda_y/l, \varepsilon_z = \lambda_z/l$であるので

$$\varepsilon_v = \varepsilon_x + \varepsilon_y + \varepsilon_z + \varepsilon_x\varepsilon_y + \varepsilon_y\varepsilon_z + \varepsilon_z\varepsilon_x + \varepsilon_x\varepsilon_y\varepsilon_z$$

また，$\varepsilon_x, \varepsilon_y, \varepsilon_z$は微小量であるので，その2乗，3乗の値は無視すると，

$\varepsilon_v=\varepsilon_x+\varepsilon_y+\varepsilon_z$ となる。ここで，ε_z は縦ひずみ，$\varepsilon_x, \varepsilon_y$ は横ひずみであるので，一軸載荷時の体積ひずみは，$\varepsilon_v=\varepsilon+2\varepsilon'$ となり，ポアソン比 ν を用いると，$\varepsilon_v=(1-2\nu)\varepsilon$ と表される。なお，引張荷重が作用する場合には，ε は正，ε' は負となる。

（2）**熱 ひ ず み** 物質（材料）は温度が上昇すると伸び（膨張），降下すると縮む（収縮）。**図 2.9** のように長さ l の棒状部材が温度 t_1 から t_2 に温度変化し，$l+\lambda_t$ となった場合を考える。

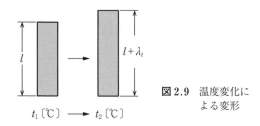

図 2.9 温度変化による変形

このとき，**熱ひずみ** ε_t は次式となる。

$$\varepsilon_t=\frac{\lambda_t}{l} \tag{2.10}$$

ここで，λ_t は温度変化による伸びまたは縮み量である。

ある材料が 1℃ 温度変化 $\Delta t\,(=t_2-t_1)$ したときに生じるひずみ量を表したものが**線膨張係数** α で，次式で計算される。

$$\alpha=\frac{\varepsilon_t}{\Delta t} \tag{2.11}$$

この線膨張係数は物質（材料）により異なり，ほとんどの物質では既知である。主要な建設材料の線膨張係数を**表 2.1** に示す。線膨張係数を用いて，ε_t と λ_t を表すと，次式となる。

$$\varepsilon_t=\alpha\cdot\Delta t=\alpha(t_2-t_1) \tag{2.12}$$

$$\lambda_t=\varepsilon_t\cdot l=\alpha\cdot\Delta t\cdot l=\alpha(t_2-t_1)l \tag{2.13}$$

この熱ひずみ（ε_t）または温度変化による変形が拘束されると，部材内に熱応力が生じる。これについては，2.3.4 項で述べる。

2. 構造材料の種類と特性

表 2.1 各種材料の線膨張係数

材　料	線膨張係数〔/℃〕
軟　鋼	1.12×10^{-5}
硬　鋼	1.07×10^{-5}
銅	1.67×10^{-5}
木　材	$0.3 \sim 6.0 \times 10^{-5}$
コンクリート	$0.7 \sim 1.4 \times 10^{-5}$
ガラス	$0.4 \sim 1.0 \times 10^{-5}$

【コラム 2.1】 電車の「ガタンゴトン，ガタンゴトン」の秘密

　列車に乗っていると，「ガタンゴトン，ガタンゴトン」の音を感じるが，これは列車の車輪がレールの継ぎ目を通過するときの音である。レールの継ぎ目にはわざと隙間を作っている。なぜなら，レールは鉄（鋼）製のため，夏になると伸びるからである。初めから継ぎ目をピッタリ合わせておくと，夏に鉄が膨張したときに，レールの先端がつかえてしまい，横に曲がってしまうからである。

　例えば，レール温度が夏期の直射日光と車輪との摩擦で最高温度 80℃ となると想定した場合，30℃ で敷設した 25 m のレールは，継ぎ目方向に次式で算出される長さだけ伸びる（図1 参照）。

$$\lambda_t = \alpha \cdot \Delta t \cdot l/2 = 1.12 \times 10^{-5} \times (80-30) \times 25 \times 10^3 \div 2 = 7 \text{ mm}$$

　この伸びは，片側のレールの伸び量であるので，両方のレールにより 14 mm つなぎ目方向に伸びることになる。これより，30℃ でレールを敷設する場合は 14 mm 以上の隙間を設ける必要があることになる。

　隙間は，冬期は広く，夏期は狭くなるため「ガタンゴトン」の音の大きさは季節（気温など）によって異なり，冬期ほど大きくなる。レールの基準となる長さは 25 m であるが，この音を少なくしスムーズに走行するために，25 m よりも長い「長尺レール」，200 m 以上の「ロングレール」などが用いられている。新幹線ではさらに長いレールが使用されている。調べてみよう。

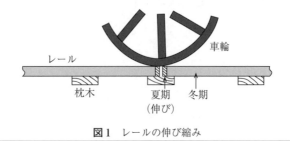

図1 レールの伸び縮み

2.2.3 応力とひずみの関係

前述したように物質（材料）は，力が作用すると変形し，力の大きさと変形量にはある相関関係が存在する。したがって，単位面積当りの力で表す**応力**と単位長さ当りの変形量で表す**ひずみ**にも相関関係が存在し，限定された荷重の範囲において応力とひずみは1次比例の関係となる。ここでは，応力-ひずみ線図と，この関係から求められる弾性係数（ヤング係数）について学ぶ。

〔1〕 応力-ひずみ線図

応力-ひずみ線図は，ある材料でできた試験片（供試体）に引張または圧縮荷重を徐々に載荷し，荷重の増加に伴う応力とひずみの値を測定・算出し，両者の関係をグラフに表したものである。なお，この線図は一般に，ひずみは2.2.2項で学んだ縦ひずみを用い，縦軸に応力の値，横軸にひずみの値をプロットして表示する。図2.10に各種材料の応力-ひずみ線図の模式図を示す。

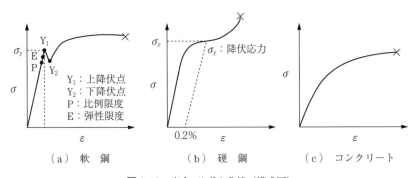

図2.10 応力-ひずみ曲線（模式図）

一例として，建設構造物の鉄骨や鉄筋コンクリートの鉄筋として用いられる"軟鋼"の応力-ひずみ線図を説明する。図2.11は軟鋼の引張試験を示したもので，試験区間は l（標点距離）の細断面の部分である。引張荷重 P を徐々に増加させ，同時に区間 l の伸び λ を測定する。区間 l の供試体の断面積を A とすると，この測定より引張応力 $\sigma=P/A$，縦ひずみ $\varepsilon=\lambda/l$ が求められ，この関係をプロットして図2.12のように応力-ひずみ線図を描くことができる。なお，ひずみは図に示すようにひずみゲージを用いて電気抵抗値の変化などか

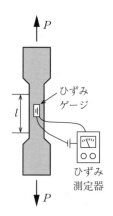

図2.11　軟鋼の引張試験　　　図2.12　応力-ひずみ線図

ら，直接に測定できる。

　この線図において，σとεの関係は点Pまではほぼ直線関係を示し，それより大きい応力になると直線関係ではなくなるが，点Eまでは荷重を取り去る（除荷）とひずみは残らない（原寸法に戻る）。材料のこのような性質を**弾性**（elasticity）といい，このような変形を**弾性変形**（elastic deformation）という。点Eを超える応力の大きさになると，もはや荷重を取り去ってもひずみが残る（原寸法に戻らない）。材料のこのような性質を**塑性**（plasticity）といい，このような変形を**塑性変形**（plastic deformation）という。また，点Pに対応する応力σ_Pを**比例限度**（proportional limit），点Eとなる応力σ_Eを**弾性限度**（elastic limit）という。

　点Eからさらに荷重を増加させて点Yに達すると，急激にひずみが増え始める。このような状態を**降伏**（yield）といい，点Yとなる応力σ_Yを**降伏点**（yield point）という。つぎに点Eを超えた任意の点Aまで載荷したあと，除荷すると応力とひずみは直線OPにほぼ平行にAA_1線を描いて減少し，荷重が完全に取り去られてもOA_1の大きさのひずみが残る。これを**残留ひずみ**または**永久ひずみ**（permanent strain）という。応力-ひずみ線図上で応力が最大値となる点Mの応力σ_Bを**引張強さ**または**引張強度**（tensile strength）い

う。点Mよりさらに載荷を進めると変形が進行し，応力が少し低下して破断点Tに至る。

〔2〕 縦弾性係数

図2.12で説明したように，点Pまでは応力とひずみは1次の正比例の関係となる。この比例定数をEとすれば，次式の関係が得られる。

$$\sigma = E\varepsilon \tag{2.14}$$

この関係は1678年に英国のロバート・フック（Robert Hooke）が発見したもので，1.7.3項で述べたように，**フックの法則**と呼ばれている。この式の比例定数Eは，応力と縦ひずみの関係から得られるので，これを**縦弾性係数**または**ヤング係数**という。縦弾性係数を単に**弾性係数**という場合もある。式（2.14）より$E=\sigma/\varepsilon$であり，またひずみεは無次元であるので，弾性係数の単位は応力σと同じく$N/m^2 (=Pa)$や$N/mm^2 (=MPa)$などが用いられる。

せん断応力τとせん断ひずみγにも線形関係があり，その比例定数をGとすると次式となる。

$$\tau = G\gamma \tag{2.15}$$

この比例定数Gを**せん断弾性係数**（modulus of shearing elasticity）または**剛性率**という。

縦弾性係数やせん断弾性係数は，材料の種類によって決まる定数であり，主要材料では既知である。その一例を**表2.2**に示す。

表2.2 主要材料の力学的性質

材　料	引張強度 [N/mm²]	圧縮強度 [N/mm²]	縦弾性係数 [×10³ N/mm²]	ポアソン比	密　度 [g/cm³]
軟鋼（SS400）	450	450	206	0.3	7.86
硬鋼（S55C）	749	749	206	0.3	7.86
銅（硬質）	314	—	126	0.33	8.65
木材（スギ）	35	90	7.6	0.3	0.32
コンクリート	2〜10	18〜150	20〜40	0.2	2.3
ポリ塩化ビニル（PVC）	34.3〜61.7	—	2.1〜4.1	—	1.4

2.3 各種部材に生じる応力と変形

2.3.1 引張部材

図2.13のように,上端が固定され下端に荷重 P が作用している一様断面の棒部材について,この棒に生じる応力と棒の伸び量を求める。

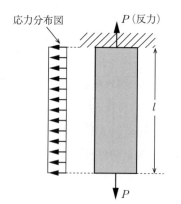

図2.13 引張部材

〔1〕 棒の自重を考慮しない場合

棒自身の重さ(自重)により,棒には応力が生じて伸びる。しかし,ここでは棒の自重を無視した場合について考える。図のように棒の下端に下向きに力が作用した場合,上端の固定部には,下端の力と大きさが等しく向きが反対の力(反力)が発生し,棒の両端を力 P で引っ張ったのと同様な状態となる。

棒の長さを l,棒の軸方向に直角な断面(棒の断面)の断面積を A とすると,この棒の断面に生じる引張応力 σ_1 は次式となる。

$$\sigma_1 = \frac{P}{A} \tag{2.16}$$

図中の応力分布は,棒の任意位置における,棒の軸に直角な断面に生じる応力の大きさを図示したもので,この問題の条件では棒のすべての断面で一定となる。

棒を構成する材料の弾性係数を E,ひずみを ε とすると,$\sigma = E\varepsilon$ より,棒

の伸び λ は次式となる。

$$\lambda = \varepsilon l = \frac{\sigma}{E} l = \frac{Pl}{EA} \tag{2.17}$$

〔2〕 **棒の自重を考慮する場合**

棒を構成する材料の密度を ρ とすると，棒の自重 $W = Al\rho$ となる。

図 2.14 の棒の下端より距離 x の位置の棒断面の応力を考える。x より下側の棒の自重は，$Ax\rho$ であるので，x の位置の自重により生じ応力 σ_2 は次式となる。

$$\sigma_2 = \frac{Ax\rho}{A} = x\rho \tag{2.18}$$

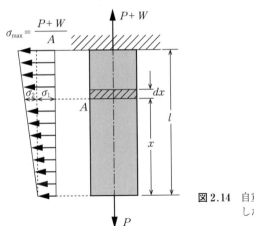

図 2.14 自重を考慮した棒

荷重 P による応力は，式 (2.16) より $\sigma_1 = P/A$ であるので，x の位置の棒に生じる全応力 σ_x は次式となる。

$$\sigma_x = \sigma_1 + \sigma_2 = \frac{P}{A} + x\rho \quad (0 \leq x \leq l) \tag{2.19}$$

となる。この式より $x = l$ のとき，すなわち棒の上端において最大応力 $\sigma_{\max}$ となる。

$$\sigma_{\max} = \frac{P}{A} + l\rho \tag{2.20}$$

つぎに，棒全体の伸び量を考える。棒の下端から x の位置に微小区間 dx をとると，この区間の伸び $d\lambda$ は次式となる。

$$d\lambda = \frac{\sigma_x}{E}dx = \frac{P + A\rho x}{AE}dx \tag{2.21}$$

棒全体の伸び量 λ は x を $0 \leq x \leq l$ まで変化させたときの合計であるので，式 (2.21) をこの区間で定積分すると次式となる。

$$\lambda = \int_0^l d\lambda = \int_0^l \left(\frac{P + A\rho x}{AE}\right)dx = \frac{l}{E}\left(\frac{P}{A} + \frac{\rho l}{2}\right) \tag{2.22}$$

この計算過程でわかるように，荷重または自重で生じる伸びをそれぞれ単独で求め，それらを足し合わせることでも式 (2.22) を導くことができる。このような性質を**重ね合わせの理**（principle of superposition）といい，複数の荷重が同時に作用する場合，それぞれ単独の荷重で生じる応力やひずみ，伸びなどを個々に求め，それらをすべて足し合わせることにより，複数の荷重が同時に作用する場合の応力やひずみ，伸びなどを求めることができるというものである。荷重や応力条件が複雑な場合の計算に有効である。

2.3.2 圧縮部材

図 2.15 のように，同心に配置された長さが同一で材料が異なる円柱と円筒が載荷板を通して圧縮荷重 P を受けるとき，この組合せ部材の各材料に生じる応力 σ_1，σ_2 と縮み λ_1，λ_2 を求める。

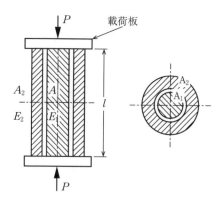

図 2.15 圧縮部材

2.3 各種部材に生じる応力と変形

なお，内側の円柱および円筒の断面積を A_1, A_2, また円柱および円筒を構成する材料の弾性係数をそれぞれ E_1, E_2 とする。

組合せ部材が外力（荷重）を受けるとき，各部材は共同して荷重に抵抗し，また同一の伸縮をする。図において，円柱と円筒が受ける圧縮力をそれぞれ P_1, P_2 とすれば，力のつり合いにより

$$P = P_1 + P_2 \tag{2.23}$$

となる。また，円柱および円筒の縮みを λ_1, λ_2 とすると次式になる。

$$\lambda_1 = \lambda_2 \tag{2.24}$$

λ_1 と λ_2 を P_1, P_2 を用いて表すと

$$\lambda_1 = \varepsilon_1 \cdot l = \frac{\sigma_1}{E_1} l = \frac{P_1}{A_1 E_1} l$$

$$\lambda_2 = \frac{P_2}{A_2 E_2} l$$

となる。したがって，式 (2.24) より

$$\frac{P_1}{A_1 E_1} = \frac{P_2}{A_2 E_2} \tag{2.25}$$

となり，式 (2.23) と式 (2.25) より P_1, P_2 を求めると次式となる。

$$\left. \begin{array}{l} P_1 = \dfrac{A_1 E_1}{A_1 E_1 + A_2 E_2} P \\[2mm] P_2 = \dfrac{A_2 E_2}{A_1 E_1 + A_2 E_2} P \end{array} \right\} \tag{2.26}$$

これより，σ_1, σ_2 は次式となる。

$$\left. \begin{array}{l} \sigma_1 = \dfrac{P_1}{A_1} = \dfrac{E_1}{A_1 E_1 + A_2 E_2} P \\[2mm] \sigma_2 = \dfrac{P_2}{A_2} = \dfrac{E_2}{A_1 E_1 + A_2 E_2} P \end{array} \right\} \tag{2.27}$$

また，縮み λ は次式となる。

$$\lambda = \lambda_1 = \lambda_2 = \frac{\sigma_1}{E_1} l = \frac{Pl}{A_1 E_1 + A_2 E_2} \tag{2.28}$$

この問題は，力のつり合いだけでは解答できず，変位が同一である条件（式

(2.24) の条件) を加えて解答できた。このような手法を設計計算に用いる必要がある構造物を**不静定構造物**という。

2.3.3 リベット継手

図 2.16, 図 2.17 のように，2 枚の板部材 A, B を重ね合わせて，事前に開けた孔にリベット，ボルトなどを貫通させ，板を接合する構造をそれぞれ**リベット継手**，**ボルト継手**という。この接合した板に外力 P を加えて引っ張る場合を考える。外力 P によりリベットにはせん断応力が生じ，板は孔の位置で最大引張応力となる。

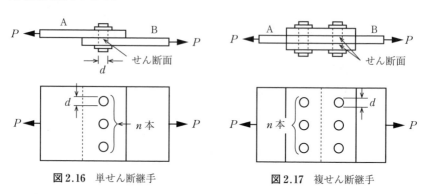

図 2.16 単せん断継手   図 2.17 複せん断継手

〔1〕 単せん断継手

図 2.16 の構造は，リベット（ボルト）1 本当りに生ずるせん断面が 1 か所であることにより**単せん断継手**という。リベットの直径を d，本数を n とすると，リベットに生じるせん断応力 τ は次式となる。

$$\tau = \frac{P}{A} = \frac{P}{(n\pi d^2/4)} \tag{2.29}$$

設計では，リベット材の許容せん断応力 τ_a が与えられ，次式を満たすようにリベットの本数 n を定める。

$$\tau_a \geqq \tau = \frac{P}{(n\pi d^2/4)} \tag{2.30}$$

さらに，荷重 P より板が引張破断しないことを検証する必要がある。リベ

ット孔が一列の場合，板の厚さを t とするとリベット部の板の断面積は，$A_b=(b-dn)t$ となり，この部分で引張応力 σ_t は最大になり次式となる。

$$\sigma_t = \frac{P}{A_b} = \frac{P}{(b-dn)t} \tag{2.31}$$

許容引張応力を σ_a とすると，次式を満たすようにする必要がある。

$$\sigma_a \geqq \sigma_t = \frac{P}{(b-dn)t} \tag{2.32}$$

式 (2.30) と式 (2.32) が同時に成り立つように設計する。

〔2〕 複せん断継手

図 2.17 の接合構造は，リベット（ボルト）1 本当りに生ずるせん断面が 2 か所であることより**複せん断継手**という。この場合，リベットに生じるせん断応力は，次式のように単せん断継ぎ手の場合の 1/2 となる。

$$\tau = \frac{P}{A} = \frac{P}{2(n\pi d^2/4)} \tag{2.33}$$

複せん断継手は，同一列に並ぶリベット孔を単せん断継手の場合より減らすことができるため，板の引張破断に対し，より安全な継手構造である。

2.3.4 温度変化を受ける部材

前述の 2.2.2〔4〕(2) で，部材が温度変化 Δt を受けると，部材には次式のひずみ ε_t および伸び λ_t が生じることを示した。

$$\varepsilon_t = \alpha \cdot \Delta t = \alpha(t_2 - t_1) \tag{2.12}$$

$$\lambda_t = \varepsilon_t \cdot l = \alpha \cdot \Delta t \cdot l = \alpha(t_2 - t_1)l \tag{2.13}$$

ここでは，**図 2.18** に示すように棒部材の両端が拘束された状態で，部材の温度が t_1 から t_2 に上昇する場合を考える。この現象は**図 2.19** に示すように，加熱により $l+\lambda_t$ に伸びた部材をある荷重 P で l の長さまで圧縮した場合に等しく，部材内には圧縮応力が生じる。このような応力を**熱応力**（thermal stress）という。

図より，荷重 P によって生じる圧縮ひずみ ε は次式となる。

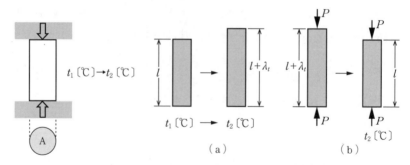

図 2.18 拘束部材　　　図 2.19 棒の加熱による荷重状態

$$\varepsilon = \frac{-\lambda_t}{l+\lambda_t} = \frac{-\alpha(t_2-t_1)\cdot l}{l+\alpha(t_2-t_1)\cdot l} = \frac{-\alpha(t_2-t_1)}{1+\alpha(t_2-t_1)} \fallingdotseq -\alpha(t_2-t_1)$$

$$(\because 1 \gg \alpha(t_2-t_1)) \quad (2.34)$$

また,熱応力 σ_t は圧縮で,部材の縦弾性係数 E が温度によって変わらないとすれば,その大きさは次式となる。

$$\sigma_t = E\cdot\varepsilon = -E\alpha(t_2-t_1) \tag{2.35}$$

さらに,部材の断面積を A とすると,拘束荷重は次式となる。

$$P = \sigma_t \cdot A = -E\alpha(t_2-t_1)A \tag{2.36}$$

2.4 組合せ応力

応力ひずみに関し,これまではそれぞれ単一の応力状態の場合について学んできたが,複数の外力が同時に作用する実際の構造物の内部の応力状態は少し複雑となる。例えば,4章で学ぶはりが荷重を受けると曲げ応力(引張応力と圧縮応力)とせん断応力が同時に生じ,応力状態は3つの応力を合成した複雑なものとなる。このように単一の応力が複数合成された応力を**組合せ応力**という。

2.4.1 単純引張を受ける場合の応力状態

図2.20(a)のように，断面積が A の棒部材の軸方向に引張力 P が作用するとき，軸に垂直な断面 t_1-t_1 に作用する応力は垂直応力 $\sigma_x = P/A$ だけで，せん断応力は生じない。

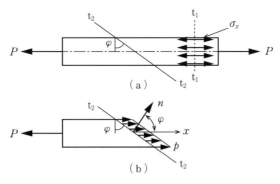

図2.20 棒の応力状態

それでは，軸に対し φ だけ傾いた断面 t_2-t_2 上の応力ついて考える。図(b)より断面 t_2-t_2 の面積 $A' = A/\cos\varphi$ であるので，軸方向の応力を p とすると

$$p = \frac{P}{A'} = \frac{P}{A}\cos\varphi = \sigma_x \cos\varphi \tag{2.37}$$

となる。ここで，図2.21 に示すように p を断面 t_2-t_2 に垂直な応力 σ_n と平行なせん断応力 τ とに分解すると，次式が得られる。

$$\left.\begin{array}{l}\sigma_n = p\cos\varphi = \sigma_x \cos^2\varphi \\ \tau = p\sin\varphi = \sigma_x \cos\varphi \sin\varphi = \dfrac{1}{2}\sigma_x \sin 2\varphi\end{array}\right\} \tag{2.38}$$

式(2.38)において σ_n と τ が最大となる条件とその値を考える。

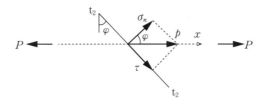

図2.21 垂直応力とせん断応力

σ_n は，$\varphi=0$（$\because \cos^2 0=1$）のとき，最大値 $(\sigma_n)_{max}=\sigma_x$ となる。これは部材軸に直交する断面で垂直応力が最大となることを示すもので，これまで引張，圧縮について学んだ内容である。

τ は，$\varphi=\pi/4$（$\because \sin(2\times\pi/4)=1$）のとき，最大値 $\tau_{max}=\sigma_x/2$ となる。これは部材軸に対し $\pi/4$（$=45°$）傾いた面でせん断応力が最大となることを示している。

このことは引張や圧縮強度に比べ，せん断強度が大幅に小さい材料（例えば，鋳鉄やコンクリート）では，一軸の垂直荷重の条件下でせん断破壊する場合があることを示している。

2.4.2　2軸方向に垂直応力が同時に作用する場合の応力状態

図 2.22 に示す長方形板の 4 面に垂直応力 σ_x，σ_y が作用するとき，φ だけ傾いた断面 t-t 面上で面に垂直な応力 σ_n と平行なせん断応力 τ を求める。図 2.23 のように σ_x と σ_y がそれぞれ単独で作用した場合，断面 t-t 面上の σ_{nx}，σ_{ny} および τ_x，τ_y は式（2.38）を参照して，同図内の式のように表される。

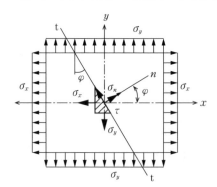

図 2.22　2軸方向に垂直応力が作用する場合

また，重ね合わせの理により，σ_x，σ_y が同時に作用する場合の σ_n と τ は

$$\left.\begin{aligned}\sigma_n &= \sigma_{nx}+\sigma_{ny}=\sigma_x\cos^2\varphi+\sigma_y\sin^2\varphi=\frac{\sigma_x+\sigma_y}{2}+\frac{\sigma_x-\sigma_y}{2}\cos 2\varphi \\ \tau &= \tau_x-\tau_y=\frac{1}{2}\sigma_x\sin 2\varphi-\frac{1}{2}\sigma_y\sin 2\varphi=\frac{\sigma_x-\sigma_y}{2}\sin 2\varphi\end{aligned}\right\}$$

$$(2.39)$$

2.4 組合せ応力　　43

$$\begin{cases} \sigma_n \\ \tau \end{cases} = \begin{cases} \sigma_{nx} = \sigma_x \cos^2\varphi \\ \tau_x = \dfrac{1}{2}\sigma_x \sin 2\varphi \end{cases} + \begin{cases} \sigma_{ny} = \sigma_y \sin^2\varphi \\ \tau_y = \dfrac{1}{2}\sigma_y \sin 2\varphi \end{cases}$$

図 2.23　応力の重ね合わせ

となる。

2.4.3　たがいに垂直な 2 方向のせん断力が作用する場合

図 2.24 のように，微小長方形板の各辺に一様にせん断応力 τ_{xy} と τ_{yx} が同時に作用するとき，φ だけ傾いた断面 t-t 上の σ_n と τ を求める。なお，長方形板の任意点においてのせん断応力のモーメントのつり合いから，$\tau_{xy}=\tau_{yx}$ となる。これらは**共役せん断応力**と呼ばれる。ここで微小正方形 ABtt において，断面 t-t 面上での力のつり合いを考える。断面 t-t の断面積を A とすると，図 2.25 を参考にして，断面 t-t における垂直方向の力のつり合いは次式となる。

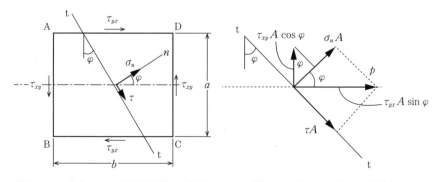

図 2.24　2 方向のせん断力が作用する場合　　図 2.25　垂直応力とせん断応力

44   2. 構造材料の種類と特性

$$\sigma_n A = \tau_{xy} A \cos\varphi\cdot\sin\varphi + \tau_{yx} A \sin\varphi\cdot\cos\varphi = \tau_{xy} A \sin 2\varphi \quad (2.40)$$

これより

$$\sigma_n = \tau_{xy} \sin 2\varphi \quad (2.41)$$

また，断面 t-t に水平方向の力のつり合いは次式となる。

$$\tau A = -\tau_{xy} A \cos\varphi\cdot\cos\varphi + \tau_{yx} A \sin\varphi\cdot\sin\varphi = -\tau_{xy} A \cos 2\varphi \quad (2.42)$$

これより

$$\tau = -\tau_{xy} \cos 2\varphi \quad (2.43)$$

が求まる。

2.4.4　2軸方向に垂直応力とせん断力が同時に作用する場合

微小長方形板の各辺に一様に垂直応力とせん断応力が同時に作用する場合について，φ だけ傾いた断面 t-t 面上で面に垂直な応力 σ_n と平行なせん断応力 τ を求める。この問題は，図 2.26 に示すように前述の 2.4.2 項と 2.4.3 項の場合に求めた σ_n と τ を重ね合わせの理に基づいて加え合わせることにより求められる。したがって，式 (2.39)，式 (2.41) および式 (2.43) から次式となる。

$$\left.\begin{aligned}
\sigma_n &= \sigma_x \cos^2\varphi + \sigma_y \sin^2\varphi + \tau_{xy} \sin 2\varphi \\
&= \frac{\sigma_x + \sigma_y}{2} + \frac{\sigma_x - \sigma_y}{2} \cos 2\varphi + \tau_{xy} \sin 2\varphi \\
\tau &= \frac{1}{2}\sigma_x \sin 2\varphi - \frac{1}{2}\sigma_y \sin 2\varphi - \tau_{xy} \cos 2\varphi \\
&= \frac{\sigma_x - \sigma_y}{2} \sin 2\varphi - \tau_{xy} \cos 2\varphi
\end{aligned}\right\} \quad (2.44)$$

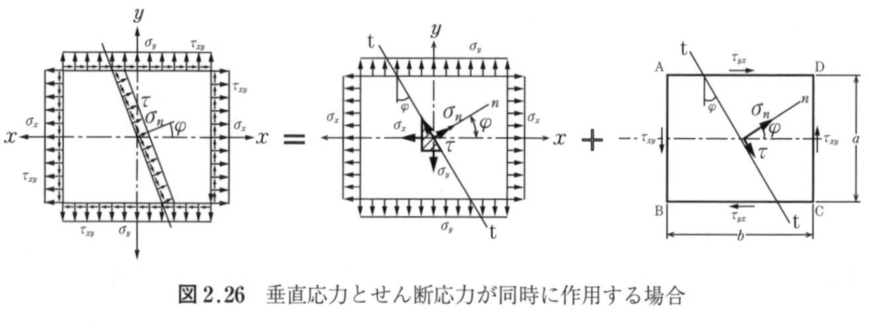

図 2.26　垂直応力とせん断応力が同時に作用する場合

2.4 組合せ応力

構造物の設計においては，部材に発生する最大応力が重要であるから，式 (2.44) において，σ_n と τ が最大または最小となる条件とその値について考える。ここで，σ_n の最大または最小値を**主応力**，そのときの φ の値が成す面を**主応力面**という。同様に τ の最大または最小値を**主せん断応力**，その面を**主せん断応力面**という。

まず，σ_n の極値を求めるために，式 (2.44) の σ_n を φ で微分して 0 とおくと

$$\frac{d\sigma_n}{d\varphi} = -(\sigma_x - \sigma_y)\sin 2\varphi + 2\tau_{xy}\cos 2\varphi = 0$$

となり，主応力となる条件は次式となる。

$$\tan 2\varphi = \frac{2\tau_{xy}}{\sigma_x - \sigma_y} \tag{2.45}$$

また，主応力面のなす角を φ_1 と φ_2 とすると，式 (2.45) より次式となる。

$$\left. \begin{array}{l} \varphi_1 = \dfrac{1}{2}\tan^{-1}\left(\dfrac{2\tau_{xy}}{\sigma_x - \sigma_y}\right) \\ \varphi_2 = \dfrac{1}{2}\tan^{-1}\left(\dfrac{2\tau_{xy}}{\sigma_x - \sigma_y}\right) + \dfrac{\pi}{2} \end{array} \right\} \tag{2.46}$$

また，三角関数の性質，$\cos^2\theta + \sin^2\theta = 1$ より

$$1 + \tan^2\theta = \frac{1}{\cos^2\theta}, \quad \frac{1}{\tan^2\theta} + 1 = \frac{1}{\sin^2\theta}$$

$$\therefore \cos\theta = \frac{1}{\sqrt{1+\tan^2\theta}}, \quad \sin\theta = \frac{\tan\theta}{\sqrt{1+\tan^2\theta}}$$

となる性質を用いると式 (2.45) より

$$\cos 2\varphi_1 = \frac{1}{\sqrt{1+\tan^2 2\varphi_1}} = \frac{1}{\sqrt{1+\left(\dfrac{2\tau_{xy}}{\sigma_x - \sigma_y}\right)^2}} = \frac{\sigma_x - \sigma_y}{\sqrt{(\sigma_x - \sigma_y)^2 + 4\tau_{xy}^2}}$$

同様に

$$\sin 2\varphi_1 = \frac{2\tau_{xy}}{\sqrt{(\sigma_x - \sigma_y)^2 + 4\tau_{xy}^2}}$$

また，式 (2.46) より

$$\tan 2\varphi_2 = \tan(2\varphi_1 - \pi) = -\tan 2\varphi_1 = -\frac{2\tau_{xy}}{\sigma_x - \sigma_y}$$

となるから，φ_1 と同様にして次式となる．

$$\cos 2\varphi_2 = -\frac{\sigma_x - \sigma_y}{\sqrt{(\sigma_x - \sigma_y)^2 + 4\tau_{xy}^2}}, \quad \sin 2\varphi_2 = -\frac{2\tau_{xy}}{\sqrt{(\sigma_x - \sigma_y)^2 + 4\tau_{xy}^2}}$$

以上，$\cos 2\varphi_1$, $\sin 2\varphi_1$, $\cos 2\varphi_2$, $\sin 2\varphi_2$ を式 (2.44) に代入して，主応力 $\sigma_{\max}$, $\sigma_{\min}$ が得られる．

$$\left.\begin{array}{l}\sigma_{\max} \\ \sigma_{\min}\end{array}\right\} = \frac{\sigma_x + \sigma_y}{2} \pm \frac{1}{2}\sqrt{(\sigma_x - \sigma_y)^2 + 4\tau_{xy}^2} = \frac{\sigma_x + \sigma_y}{2} \pm \sqrt{\left(\frac{\sigma_x - \sigma_y}{2}\right)^2 + \tau_{xy}^2}$$
(2.47)

なお，$\sigma_{\max}$ と $\sigma_{\min}$ が生じる面はたがいに直交し，$\sigma_{\max}$ と $\sigma_{\min}$ の和は $\sigma_{\max} + \sigma_{\min} = \sigma_x + \sigma_y$ で，一定となる．このことは，たがいに垂直に交わる断面に作用する垂直応力の和は φ の値に無関係に一定であることを示している．

ここで，主応力となる条件，式 (2.45) を式 (2.44) の τ に代入すると，$\tau = 0$ となり，主応力面ではせん断応力は生じないことがわかる．

つぎに，式 (2.44) の τ を φ で微分して 0 とおくと

$$\frac{d\tau}{d\varphi} = (\sigma_x - \sigma_y)\cos 2\varphi + 2\tau_{xy}\sin 2\varphi = 0$$

これより，主せん断応力となる条件は次式となる．

$$\tan 2\varphi' = -\frac{\sigma_x - \sigma_y}{2\tau_{xy}} \quad (2.48)$$

式 (2.48) において，主応力面のなす角 φ と区別するために，主せん断応力面のなす角を φ' とした．ここで，主応力となる条件の式 (2.45) と式 (2.48) の積は，$\tan 2\varphi \times \tan 2\varphi' = -1$ となり，$2\varphi \perp 2\varphi'$ である．したがって，主応力面の方向 φ と主せん断応力面の方向 φ' は 45° をなす．

式 (2.48) を式 (2.44) の τ に代入し，σ_n の場合と同様に展開すると，主せん断応力 $\tau_{\max}$, $\tau_{\min}$ は次式となる．

$$\left.\begin{array}{l}\tau_{\max} \\ \tau_{\min}\end{array}\right\} = \pm\frac{1}{2}\sqrt{(\sigma_x - \sigma_y)^2 + 4\tau_{xy}^2} = \pm\sqrt{\left(\frac{\sigma_x - \sigma_y}{2}\right)^2 + \tau_{xy}^2} \quad (2.49)$$

2.5 モールの応力円

これまで求めてきた組合せ応力および主応力と主応力面の式 (2.44)〜(2.49) は煩雑である。このため，これらの式を幾何学的関係により関連付け，図式的に求める手法がある。この手法で用いられるのが**モールの応力円**である。

2.5.1 円の方程式

モールの応力円を描くにあたっては，高校で習った円の方程式に関する知識が必要である。

図 2.27 に示すような中心を原点 $(0,0)$，半径を r とする円の方程式は，次式のように表される。

$$x^2+y^2=r^2 \tag{2.50}$$

より一般的な場合として，円の中心が原点になく，(x_0, y_0) にある場合を考

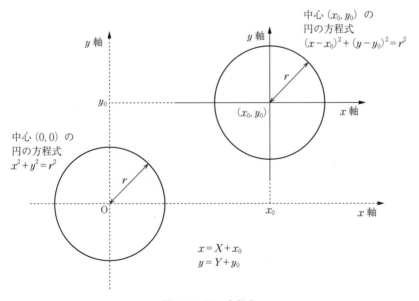

図 2.27 円の方程式

える．この点を通る水平軸を X 軸，鉛直軸を Y 軸とすると，円の方程式は次式となる．

$$X^2 + Y^2 = r^2 \tag{2.51}$$

ここで，$x = X + x_0$, $y = Y + y_0$ の関係があるから，$X = x - x_0$, $Y = y - y_0$ を式 (2.51) へ代入すると次式を得る．

$$(x - x_0)^2 + (y - y_0)^2 = r^2 \tag{2.52}$$

よって，中心 (x_0, y_0), 半径 r の円の方程式は，式 (2.52) のように表される．モールの応力円では，x 軸の代わりに σ_n 軸を，y 軸の代わりに τ 軸をとり，円の中心が σ_n 軸上の点 $(\sigma_0, 0)$ にある場合を扱うので，モールの応力円の方程式は，次式のように表される．

$$(\sigma_n - \sigma_0)^2 + \tau^2 = r^2 \tag{2.53}$$

2.5.2 モールの応力円の誘導

式 (2.44) から次式となる．

$$\left. \begin{array}{l} \sigma_n - \dfrac{\sigma_x + \sigma_y}{2} = \dfrac{\sigma_x - \sigma_y}{2} \cos 2\varphi + \tau_{xy} \sin 2\varphi \\[6pt] \tau = \dfrac{\sigma_x - \sigma_y}{2} \sin 2\varphi - \tau_{xy} \cos 2\varphi \end{array} \right\} \tag{2.54}$$

この両式の左辺と右辺を 2 乗してそれぞれ加えると

$$\left(\sigma_n - \dfrac{\sigma_x + \sigma_y}{2}\right)^2 + \tau^2$$
$$= \left(\dfrac{\sigma_x - \sigma_y}{2}\right)^2 (\cos^2 2\varphi + \sin^2 2\varphi) + \tau_{xy}^2 (\sin^2 2\varphi + \cos^2 2\varphi) \tag{2.55}$$

となり，$\cos^2 2\varphi + \sin^2 2\varphi = 1$ であるから，次式が得られる．

$$\left. \begin{array}{l} \left(\sigma_n - \dfrac{\sigma_x + \sigma_y}{2}\right)^2 + \tau^2 = \left(\dfrac{\sigma_x - \sigma_y}{2}\right)^2 + \tau_{xy}^2 \\[8pt] \left(\sigma_n - \dfrac{\sigma_x + \sigma_y}{2}\right)^2 + \tau^2 = \left\{ \sqrt{\left(\dfrac{\sigma_x - \sigma_y}{2}\right)^2 + \tau_{xy}^2} \right\}^2 \end{array} \right\} \tag{2.56}$$

ここで，2.5.1 項で学んだ方程式より，式 (2.56) は，$\sigma_n - \tau$ 軸に関し

2.5 モールの応力円

$$\text{半径}\sqrt{\left(\frac{\sigma_x-\sigma_y}{2}\right)^2+\tau_{xy}{}^2}, \quad \text{中心座標}\left(\frac{\sigma_x+\sigma_y}{2}, 0\right) \tag{2.57}$$

の円の方程式となる。これを**モールの応力円**という。なお，垂直応力 σ_x, σ_y は引張を正，せん断応力 τ_{xy} は時計まわりの方向を正として扱う。

以下に，モールの応力円の書き方と力学的意味を示す。

2.5.3 モールの応力円の描き方

図 2.26 で示した条件のように，2 方向の垂直応力 σ_x, σ_y とせん断力 τ_{xy} が同時に作用する場合に関するモールの応力円を**図 2.28** のように描く。なお，$\sigma_x > \sigma_y$ とする。

まず，横軸を直応力 σ_n とし，縦軸をせん断応力 τ_{xy} として座標軸を描く。これに，垂直応力 σ_x とせん断応力 τ_{xy} の値から成る点座標点 A(σ_x, τ_{xy}) と点 B(σ_y, $-\tau_{xy}$) をプロットする。線分 AB と座標軸 σ_n との交点 C を中心として，直径 AB の円を描く。これがモールの応力円である。

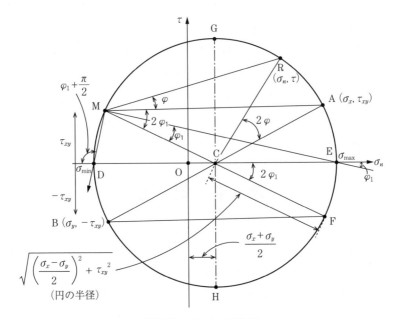

図 2.28 モールの応力円

また，2.5.1 項で述べたようにこの円の半径は $\sqrt{\left(\dfrac{\sigma_x-\sigma_y}{2}\right)^2+\tau_{xy}^2}$，中心座標（点 C）は $\left(\dfrac{\sigma_x+\sigma_y}{2},\ 0\right)$ である。この円は，傾斜角 φ を連続的に変化させたとき，その傾斜面に作用する σ_n と τ の大きさを表す点の軌跡である。以下にこのモールの応力円からわかる力学的事項を示す。

① 円の σ_n 軸との交点である点 E と点 D は，それぞれ主応力 σ_{max} と σ_{min} の値を示す。

② モール円上の τ の最大値と最小値の点 G と点 H は，それぞれ主せん断応力 τ_{max} と τ_{min} の値を示す。

③ 点 A から σ_n 軸に平行に線分を引き，モール円との交点を M とする。この点 M を**極**と呼ぶ。同様に点 B から平行な線分の交点を F とする。

④ ∠ECF は，式 (2.45) より，主応力方向の角度 2φ となる。これより，「主応力 σ_{max}」となる主応力方向 φ_1 は，極 M から点 E を結ぶ線分の方向で表される。同様に，「主応力 σ_{min}」となる主応力方向 $\varphi_2=\varphi_1+90°$ は，極 M から点 D を結ぶ線分の方向で表される。

⑤ 極 M を通り，線分 AM から反時計まわりに角度 φ 傾いた線分とモール円との交点 R が，任意角 φ だけ傾いた斜面上に生じる各応力，σ_n と τ の大きさとなる。また，線分 CA から反時計回りに角度 2φ 傾いた線分とモール円の交点も点 R と一致するので，この線分 CR を用いて，角度 φ だけ傾いた場合の σ_n と τ を求めることもできる。

章 末 問 題

[2.1] 引張と圧縮

図 2.29 のように直径 $d=30\,\mathrm{mm}$，長さ $L=1\,\mathrm{m}$ の一様断面の丸棒を $P=30\,\mathrm{kN}$ の力で引張った。この棒の縦弾性係数 $E=200\,\mathrm{kN/mm^2}$，ポアソン比 $\nu=0.25$ として，次の値を計算せよ。① 応力 σ，② 縦ひずみ ε，③ 伸び量 λ，④ 横ひずみ ε'

章末問題　51

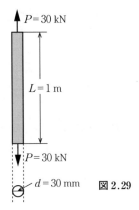

図 2.29

[2.2] 熱膨張，熱応力

（1）温度 $T_1=10$℃ で 25 m の長さのレールが，ある温度 T_2〔℃〕となったとき $\lambda_t=7.5$ mm 伸びた。レール材の線膨張係数 $\alpha=1.2\times10^{-5}$〔/℃〕であるとき，ある温度 T_2 を答えよ。

（2）図 2.30 に示すように両端を固定された直径 10 cm の柱が，20℃ から 40℃ に 20℃ だけ温度上昇した。柱の線膨張係数 $\alpha=1.2\times10^{-5}$〔/℃〕，縦弾性係数 $E=200\times10^3$〔N/mm²〕であるとき，この柱に生じる応力の種類（圧縮応力か引張応力）とその大きさ σ_t，および固定端に生じる反力 R の大きさを答えよ。

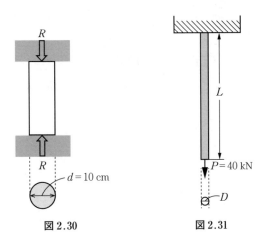

図 2.30　　　図 2.31

[2.3] 安全な棒の太さ

図 2.31 の鋼材の丸棒に，$P=40$ kN の重りをつりさげたい。丸棒の直径を D とする。

（1） 鋼材の許容引張応力度 $\sigma_a = 150\,\text{N/mm}^2$ とするとき，この棒が安全であるための直径 D を答えよ。

（ヒント：$\sigma_a \geqq \sigma$ の条件を満たす最小の直径とする）

（2） この棒の長さが 10 m，縦弾性係数 $E = 200 \times 10^3\,\text{N/mm}^2$ であるとき，棒の伸び量を 3 mm 以下にするには，直径 D をいくら以上とすべきか答えよ。

[2.4] 単純引張を受ける棒

鋳鉄製の直径 35 mm の棒部材に 100 kN の引張荷重が作用するとき，この棒が安全であることを検証せよ。なお，この鋳鉄の許容引張応力 σ_a は 120 MPa，許容せん断応力 τ_a は 48 MPa である。

（ヒント：$(\sigma_n)_{\max} \leqq \sigma_a, \tau_{\max} \leqq \tau_a$ の両条件を満たすかを検証する）

[2.5] 組合せ応力

図 2.32 の応力状態において，垂直応力 $\sigma_x = 55\,\text{MPa}$, $\sigma_y = -35\,\text{MPa}$，せん断応力 $\tau_{xy} = 45\,\text{MPa}$ であるとき，主応力 $\sigma_{\max}$ と $\sigma_{\min}$，その方向 φ_1 と φ_2，および主せん断応力を，数式とモールの応力円を用いて求めよ。

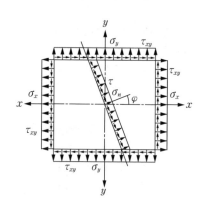

図 2.32

—3—
静定トラスの基礎

三角形を組み合わせた構造であるトラスは，強度および安定性が高いため，実際の橋や建築などの構造物に広く用いられている．本章では，トラスの仕組み・構造および計算の方法を説明する．トラスの解法に必要な数学である三角比についても復習する．

3.1 静定トラスを理解するために必要な数学や力学

三角形を複数個組み合わせた構造を**トラス**（truss）という．基本形は，3つの棒を**図 3.1**のように，それぞれの頂点でつないだ三角形である．ここで，頂点を節点（node），棒を部材（member），部材に作用する力を部材力（member force）という．トラスでは部材どうしは**図 3.2**に示すようにピン結合（ヒンジ結合ともいう）と呼ばれる自由に回転できる機構で結合されている．そのため，部材にモーメントは発生せず，引張力あるいは圧縮力しか発生しない．**図 3.3**と**図 3.4**に示すように，**引張力**とは部材が伸びる方向に作用する力で，

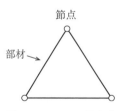

図 3.1 トラスの基本形
（基本の三角形）

ブロック遊具の回転部品

ドアの継手

図 3.2 部材どうし結合：ピン結合

54   3. 静定トラスの基礎

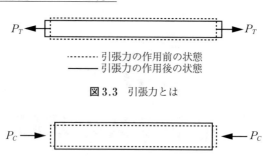

図3.3　引張力とは

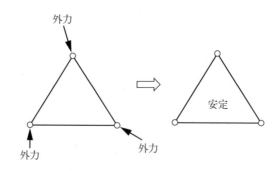

図3.4　圧縮力とは

圧縮力とは部材が縮む方向に作用する力である。

図3.5に示すように，トラスの基本となる三角形の節点に矢印のような外力を作用させても，その形は大きくは変わらず，安定している。これが，三角形で構成されるトラスが安定で大きな外力に耐えられる秘訣である。

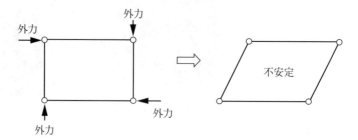

図3.5　三角形に外力が作用した場合

図3.6　四角形に外力が作用した場合

一方,図3.6に示すように,4つの棒を組み合わせた四角形に外力を作用させると,容易に変形し,不安定である。

次ページの例題3.1を解くにあたり,高校までに習った三角比の基礎を復習しよう。図3.7の直角三角形の3辺の長さを a, b, c とするとき

$$\sin\theta=\frac{c}{a}, \quad \cos\theta=\frac{b}{a}, \quad \tan\theta=\frac{c}{b}$$

と定義される。これを変形すると次式が得られる。

$$c=a\sin\theta, \quad b=a\cos\theta, \quad c=b\tan\theta$$

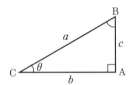

図3.7　直角三角形

なお,図3.8(a)のような三角形の場合はつぎのようになる。

$$\sin 30°=\frac{1}{2}, \quad \cos 30°=\frac{\sqrt{3}}{2}, \quad \tan 30°=\frac{1}{\sqrt{3}}$$

---【コラム 3.1】　トラスの秘密！---

電車に乗っていて,急にブレーキがかかったとき,たとえ吊り革を持っていても,オットットとぐらつく経験は誰もがあるでしょう(図1)。ところが,2本の吊り革を束ねて持つと(図2),たとえ急ブレーキがかかったときでもぐらつきにくい。これは,2本の吊り革の形は三角形となっているからである。これが,三角形が強くて安定する秘密である。

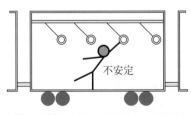

図1　電車にブレーキがかかったとき

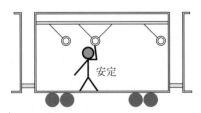

図2　2本の吊り革を持ったとき

56   3. 静定トラスの基礎

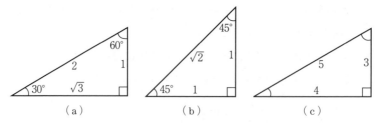

図 3.8　特殊な直角三角形

$$\sin 60° = \frac{\sqrt{3}}{2}, \quad \cos 60° = \frac{1}{2}, \quad \tan 60° = \sqrt{3}$$

図（b）のような三角形の場合はつぎのようになる。

$$\sin 45° = \frac{\sqrt{2}}{2}, \quad \cos 45° = \frac{\sqrt{2}}{2}, \quad \tan 45° = 1$$

また，図（c）の三角形のように3つの辺の長さの比が 3 : 4 : 5 になっている場合は直角三角形となる。

例題 3.1　図 3.9 に示す直角三角形のトラスを想定し，部材 1, 2, 3 に作用する部材力を求めよ。

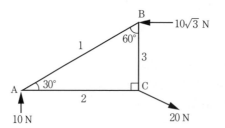

図 3.9　直角三角形のトラス

解　答　節点 A, B, C に外力 10 N，$10\sqrt{3}$ N，20 N が作用するとき，部材 1, 2, 3 の部材力を S_1, S_2, S_3 とする。図 3.10（a）に示すように点 A には，外力 10 N と S_1, S_2 が作用しており，それらが水平方向と鉛直方向につり合っている。図（b）に示すように，S_1 は斜め方向に作用しているため，水平方向（$S_1 \cos 30°$）と鉛直方向（$S_1 \sin 30°$）に分解する。

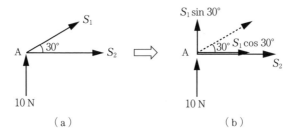

図 3.10 点 A における力のつり合い

したがって

水平方向のつり合い　$S_1 \cos 30° + S_2 = 0$

鉛直方向のつり合い　$S_1 \sin 30° + 10 = 0$

となる。これらを三角比により変形すると，それぞれ

$$\frac{\sqrt{3}}{2}S_1 + S_2 = 0, \quad \frac{1}{2}S_1 + 10 = 0$$

となり，この連立方程式を解くと部材力 S_1, S_2 が次式のように求められる。

$$S_1 = -20\text{N}, \quad S_2 = 10\sqrt{3}\,\text{N}$$

なお，図 3.5 では部材力は引張力と仮定しているため，負となった部材力 S_1 は圧縮力，正の部材力 S_2 は引張力である。点 B においても同様に，**図 3.11** に示す力のつり合いを考えると

水平方向のつり合い　$S_1 \sin 60° + 10\sqrt{3} = 0$

鉛直方向のつり合い　$S_1 \cos 60° + S_3 = 0$

となる。これらを三角比により変形すると，それぞれ

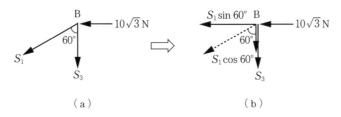

図 3.11 点 B における力のつり合い

$$\frac{\sqrt{3}}{2}S_1 + 10\sqrt{3} = 0, \quad \frac{1}{2}S_1 + S_3 = 0$$

となり,この連立方程式を解くと部材力 S_1, S_3 が次式のように求められる.

$$S_1 = -20\text{N}, \quad S_3 = 10\text{ N}$$

当然ではあるが,2つの節点における力のつり合い式から得られる S_1 は同一である. ◆

3.2 静定トラス構造の概要

3.1 節で述べたように三角形を複数個組み合わせた構造が**トラス**である.**図3.12** に典型的なトラスの例を示す.このトラスは3つの三角形と,7つの部材で構成されており,2つの外力が作用している.そして,トラス全体は端部で橋脚などによって支えられ,この点を**支点**という.トラスは橋,タワー,クレーンなど多くの構造物に用いられている.

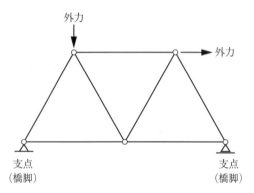

図 3.12 典型的なトラスの例

トラスの計算を行うということは,部材力および支える力(**支点反力**という)を求めることである.トラスの計算を行う場合,以下の事項を仮定する.

・各部材の両端は節点になっており,ここで他の部材と結ばれている.
・節点はピンとなっており,回転は自由である.
・外力は節点に作用している.

このような仮定の結果，トラス部材の部材力は軸方向に変化せず一定であることになる。また，断面内での応力はすべての点で等しい。

―【コラム 3.2】 トラスの実構造物の例 ―――――――――

トラスは多くの構造物に使われているので，いくつか紹介しよう。**図1**は，オーストラリアのシドニーある 1930 年前後に建設された鋼製のトラス橋である。Wの字が連なった形になっていて，**ワーレントラス**と呼ばれる。**図2**は，東京港にある東京ゲートブリッジ（2012 年，完成）で，橋脚間の長さ（スパン長）は 440 m である。その形から**恐竜橋**とも呼ばれている。**図3**は，フランスの首都パリの象徴となっているエッフェル塔で，高さは 324 m で 1889 年に完成された。**図4**は建設中の東京スカイツリー（2012 年，完成）で，高さは 634 m である。建設に使用されているクレーンのブームにもトラスが使われている。

図1　シドニーにあるトラス橋

図2　東京ゲートブリッジ

図3　エッフェル塔

図4　建設中の東京スカイツリー

3.3 支点反力

図3.13のようなトラスを考えよう。節点Dと節点Eに外力が作用してい

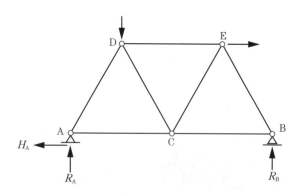

図3.13 支点反力

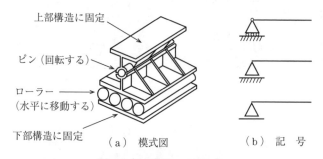

（a）模式図　　　　（b）記　号

（c）実例（(株)川金コアテック提供）

図3.14 ローラー支点

る。これらの外力は部材に伝達され，支点Aと支点Bで支えられる。支点は水平，鉛直，回転の3方向に可動もしくは固定される。

支点Bは**ローラー支点**であり，鉛直方向のみ固定され，水平および回転方向には可動である。**図3.14**（a），（b）にローラー支点の模式図，記号を示す。なお，図（b）に示す3つの記号はどれもローラー支点の記号として用いられる。図（c）に，実際の橋に用いられている例を示す。支点Aは**ピン支点**であり，鉛直および水平方向が固定され，回転方向のみ可動である。

図3.15（a），（b）にピン支点の模式図，記号を，図（c）に実際の橋に用いられている例を示す。固定される方向には支点反力（reaction）が生じる。図3.13においては，支点Bでは鉛直方向の支点反力R_Bが生じ，支点Aでは鉛直方向の支点反力R_Aと水平方向の支点反力H_Aが生ずる。これら3つの反力が力のつり合い式のみで求められる場合，**静定トラス**（statically determinate truss）という。

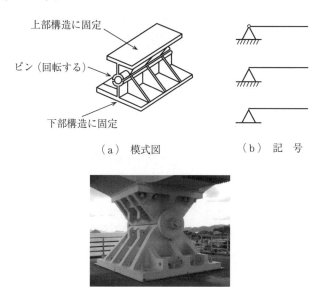

図3.15　ピン支点

62　　3. 静定トラスの基礎

例題 3.2 図3.16のトラスの支点反力を求めよ。

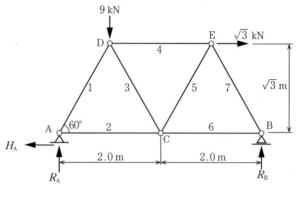

図3.16

解　答　R_A を求めるには，点Bまわりのモーメントのつり合い式を用いる。

$$R_A \times 4 - 9 \times 3 + \sqrt{3} \times \sqrt{3} = 0 \quad \therefore R_A = 6 \text{ kN}$$

R_B を求めるには，鉛直方向の力のつり合い式を用いる。

$$9 - R_A - R_B = 0 \quad \therefore R_B = 3 \text{ kN}$$

H_A を求めるには，水平方向の力のつり合い式を用いる。

$$\sqrt{3} - H_A = 0 \quad \therefore H_A = \sqrt{3} \text{ kN} \qquad \blacklozenge$$

3.4　トラスの解法

　ここでは，部材力を求める2つの方法を解説する。1つは節点での力のつり合いを考える節点法と，他はある断面でトラスを切断する断面法である。図3.16のトラス（例題3.2）を用いて2つの解法を示す。

3.4.1　節　点　法

　節点法では，節点ごとに力のつり合い式を用いて①〜④の順番に部材力を求める。

① 支点Aに作用する力を描く（**図3.17**（a））。

支点Aには反力（R_A）と2つの部材力（S_1, S_2）が作用している。この際，部材力は引張力と仮定して描き，この点における水平方向および鉛直方向の力のつり合いを考える。

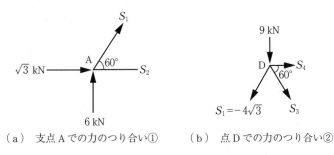

（a）支点Aでの力のつり合い①　　（b）点Dでの力のつり合い②

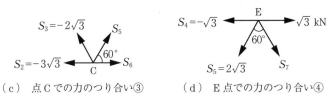

（c）点Cでの力のつり合い③　　（d）E点での力のつり合い④

図3.17 節 点 法

水平方向　　$\dfrac{1}{2}S_1 + S_2 - H_A = 0$ 　　　　　　　　　　　(3.1)

鉛直方向　　$\dfrac{\sqrt{3}}{2}S_1 + R_A = 0$ 　　　　　　　　　　　　(3.2)

反力は例題3.2で$H_A = \sqrt{3}$ kN, $R_A = 6$ kN と求められている。この連立方程式を解けば

$S_1 = -4\sqrt{3}$ kN,　$S_2 = 3\sqrt{3}$ kN 　　　　　　　　　　(3.3)

が得られる。

② 点Dに作用する力を描く（図(b)）。

S_1はすでに求められているため，未知数はS_3, S_4の2つであり，水平方向および鉛直方向の2つのつり合い式から求められる。

水平方向　　$\dfrac{1}{2}S_1 - \dfrac{1}{2}S_3 - S_4 = 0$ 　　　　　　　　　　(3.4)

鉛直方向　$9+\dfrac{\sqrt{3}}{2}S_1+\dfrac{\sqrt{3}}{2}S_3=0$ 　　　　　　　　　(3.5)

$\therefore S_3=-2\sqrt{3}$ kN, 　$S_4=-\sqrt{3}$ kN 　　　　　　　　　(3.6)

③　点Cに作用する力を描く（図(c)）。

S_2, S_3 はすでに求められているため，未知数は S_5, S_6 の2つであり，水平方向および鉛直方向の2つのつり合い式から求められる。

水平方向　$S_2+\dfrac{1}{2}S_3-\dfrac{1}{2}S_5-S_6=0$ 　　　　　　　　(3.7)

鉛直方向　$\dfrac{\sqrt{3}}{2}S_3+\dfrac{\sqrt{3}}{2}S_5=0$ 　　　　　　　　　　(3.8)

$\therefore S_5=2\sqrt{3}$ kN, 　$S_6=\sqrt{3}$ kN 　　　　　　　　　　(3.9)

④　点Eに作用する力を描く（図(d)）。

S_4 と S_5 はすでに求められているため，未知数は S_7 であり，水平方向および鉛直方向の2つのつり合い式から求められる。

水平方向　$S_4+\dfrac{1}{2}S_5-\dfrac{1}{2}S_7-\sqrt{3}=0$ 　　　　　　　(3.10)

鉛直方向　$\dfrac{\sqrt{3}}{2}S_5+\dfrac{\sqrt{3}}{2}S_7=0$ 　　　　　　　　　(3.11)

$\therefore S_7=-2\sqrt{3}$ kN 　　　　　　　　　　　　　　(3.12)

以上のように，部材力は，節点法では端部から始め，隣接する節点の順に求められる。

3.4.2　断　面　法

図3.14のトラスにおいて S_4, S_5, S_6 を求める場合，節点法ではまず S_1, S_2, S_3 を求める必要がある。したがって，三角形の数が多いトラスにおいて，特定の部材力を求めるには節点法は効率的でない。一方，断面法を用いれば直接特定の部材力が求められる。

図3.18(a)において，部材4,5,6の部材を含む断面でトラス全体を切断する。切断した左半分を取り出し，それに作用する外力と反力と部材力を描く

3.4 トラスの解法   65

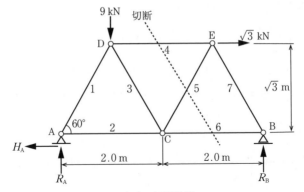

（a） 切断位置

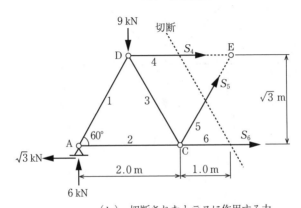

（b） 切断されたトラスに作用する力

図3.18 断 面 法

（図（b））。

① S_4 を求める。

S_5 と S_6 が交わる点Cまわりのモーメントのつり合いを用いる。

$$6\times2.0-9\times1.0+S_4\times\sqrt{3}=0 \quad \therefore S_4=-\sqrt{3}\text{ kN} \tag{3.13}$$

② S_6 を求める。

S_4 と S_5 が交わる点Eまわりのモーメントのつり合いを用いる。

$$6\times3.0+\sqrt{3}\times\sqrt{3}-9\times2.0-S_6\times\sqrt{3}=0 \quad \therefore S_6=\sqrt{3}\text{ kN} \tag{3.14}$$

③ S_5 を求める。

鉛直方向の力のつり合いを用いる。

$$6-9+\frac{\sqrt{3}}{2}S_5=0 \quad \therefore S_5=2\sqrt{3} \text{ kN} \tag{3.15}$$

これらの部材力は節点法で求めた値と一致している。

（例題 3.3） 図 3.19 のトラスにおいて部材 2,3,4 の部材力 S_2, S_3, S_4 を節点法と断面法によって求めよ。

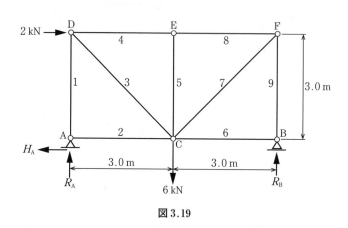

図 3.19

解　答　まず，3つの反力を求める。R_A を求めるには，支点 B まわりのモーメントのつり合い式を用いる。すなわち

$$R_A \times 6 - 6 \times 3 + 2 \times 3 = 0 \quad \therefore R_A = 2 \text{ kN}$$

R_B を求めるには，鉛直方向の力のつり合い式を用いる。

$$6 - R_A - R_B = 0 \quad \therefore R_B = 4 \text{ kN}$$

H_A を求めるには，水平方向の力のつり合い式を用いる。

$$2 - H_A = 0 \quad \therefore H_A = 2 \text{ kN}$$

① 最初に，**節点法**で部材力を求める。支点 A に作用する力を描く（**図 3.20（a）**）。支点 A には 2 つの反力（H_A, R_A）と 2 つの部材力（S_1, S_2）が作用している。この際，部材力は引張力と仮定して描く。この点における水平方向および鉛直方向の力のつり合いを考える。

　　水平方向　　$2 - S_2 = 0$

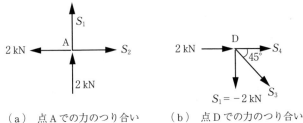

（a）点Aでの力のつり合い　　（b）点Dでの力のつり合い

図3.20

　　　鉛直方向　　$S_1+2=0$
これより

　　　　$S_1=-2\,\mathrm{kN},\ S_2=2\,\mathrm{kN}$

が得られる。

　つぎに，点Dに作用する力を描く（図(b)）。未知数はS_3，S_4の2つであり，水平方向および鉛直方向の2つのつり合い式から求められる。

　　　水平方向　　$\dfrac{\sqrt{2}}{2}S_3+S_4+2=0$

　　　鉛直方向　　$\dfrac{\sqrt{2}}{2}S_3-2=0$

　　　　$\therefore S_3=2\sqrt{2}\,\mathrm{kN},\ S_4=-4\,\mathrm{kN}$

② つぎに，**断面法**で部材力S_2，S_3，S_4を求める。図3.21（a）に示すようにS_2，S_3，S_4を含む断面でトラス全体を切断する。切断した左半分を取り出し，それに作用する外力と反力と部材力を描画する（図(b)）。S_2を求めるためには，S_3とS_4が交わる点Dまわりのモーメントのつり合いを用いる。

　　　　$2\times3.0-S_2\times3.0=0$　　　$\therefore S_2=2\,\mathrm{kN}$

S_4を求めるためには，S_2とS_3が交わる点Cまわりのモーメントのつり合いを用いる。

　　　　$2\times3.0+2\times3.0+S_4\times3.0=0$　　　$\therefore S_4=-4\,\mathrm{kN}$

S_3を求めるためには，鉛直方向の力のつり合いを用いる。

　　　　$2-\dfrac{\sqrt{2}}{2}S_3=0$　　　$\therefore S_3=2\sqrt{2}\,\mathrm{kN}$

68　3. 静定トラスの基礎

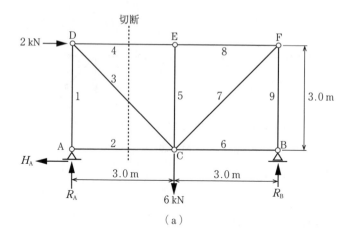

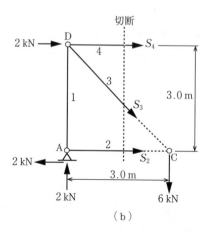

図 3.21 断 面 法

これらの部材力は節点法で求めた値と一致している。◆

章 末 問 題

[3.1] 節点法によるトラスの解法
図 3.22 に示すトラスの部材 1, 2 の部材力 S_1, S_2 を節点法で求めよ。

章末問題 69

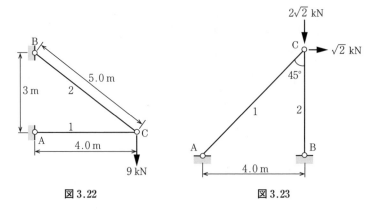

図 3.22 　　　　　　　　図 3.23

[3.2] 節点法によるトラスの解法
図 3.23 に示すトラスの部材 1,2 の部材力 S_1, S_2 を節点法で求めよ。

[3.3] 節点法および断面法によるトラスの解法
図 3.24 に示すトラスの部材 4,5,6 の部材力 S_4, S_5, S_6 を節点法および断面法で求めよ。

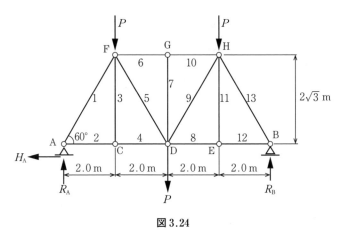

図 3.24

[3.4] 節点法および断面法によるトラスの解法
図 3.25 に示すトラスの部材 4,5,6 の部材力 S_4, S_5, S_6 を節点法および断面法で求めよ。

70   3. 静定トラスの基礎

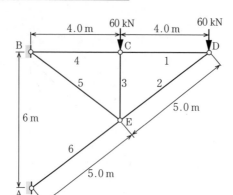

図 3.25

[3.5] 節点法および断面法によるトラスの解法

図 3.26 に示すトラスの部材 6, 7, 8 の部材力 S_6, S_7, S_8 を節点法および断面法で求めよ。

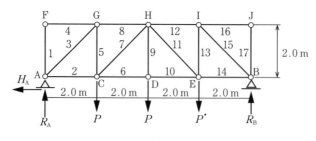

図 3.26

―4―
静定ばりの基礎

はり (beam) は，与えられた外力に対しておもに曲げで抵抗するような構造材料の一つである。一般に，その断面形状は，用途に応じて矩形，円形，T型やH型など，多様な形状を持っている。ここで扱うはりは，静定条件（後述）だけで解析可能な構造を持っていて，**静定ばり**という。

4.1 静定ばりを理解するために必要な数学や力学

はりの断面は矩形や円形のみではなく，いろいろな形状を持つものがある。設計に必要な，はりの断面に生ずる曲げやせん断応力を計算するために，各種断面モーメントを計算しておくと，断面の図心や断面内の応力分布などを容易に求めることができる。これらの断面モーメントを理解するためには微分，積分などの数学的知識が欠かせない。

はりに作用する荷重と断面力（せん断力や曲げモーメントなど）の関係を知るために，はりの微小部分のつり合いから，微分方程式を作成する。また，はりの曲げ変形（たわみ角やたわみ）を求めるために，荷重の作用によるはりの変形状態から，微分方程式を作成して，これらを求める。

静定ばりの力学を理解するために，まず以下に示す事項を理解しておきたい。

4.1.1 微　　　分

u, v を x の関数と考えて，つぎのような微分の定理を理解しておきたい。

$$\left.\begin{array}{l}\dfrac{dx^n}{dx}=nx^{n-1}\\[6pt]\dfrac{d(uv)}{dx}=u\dfrac{dv}{dx}+v\dfrac{du}{dx}\end{array}\right\} \tag{4.1}$$

$d(u/v)/dx$ については,$\omega=1/v$ とおくと

$$\dfrac{d(u\omega)}{dx}=u\dfrac{d\omega}{dx}+\omega\dfrac{du}{dx} \tag{4.2}$$

連鎖法則(chain rule)により

$$\dfrac{d\omega}{dx}=\dfrac{d\omega}{dv}\dfrac{dv}{dx}=-\dfrac{1}{v^2}\dfrac{dv}{dx} \tag{4.3}$$

と書けるので,次式を得る。

$$\dfrac{d\left(\dfrac{u}{v}\right)}{dx}=u\left(-\dfrac{1}{v^2}\dfrac{dv}{dx}\right)+\dfrac{1}{v}\dfrac{du}{dx}=\dfrac{v\dfrac{du}{dx}-u\dfrac{dv}{dx}}{v^2} \tag{4.4}$$

4.1.2 積　　分

積分については,以下を理解しておきたい。

$$\left.\begin{array}{l}\displaystyle\int x^n dx=\dfrac{x^{n+1}}{n+1}\\[8pt]\displaystyle\int\dfrac{1}{x}dx=\ln x\quad(\ln:\text{自然対数})\end{array}\right\} \tag{4.5}$$

4.1.3 微 分 方 程 式

微分方程式については,以下の2つのパターンを学習しておきたい。

〔1〕 微 分 方 程 式(解が x^n (n は実数)になる場合)

$$\dfrac{d^2y}{dx^2}=C_1 x$$

を積分すると

$$\dfrac{dy}{dx}=C_1\dfrac{x^2}{2}+C_2$$

もう一度積分すると

$$y = C_1 \frac{x^3}{2 \cdot 3} + C_2 x + C_3 \tag{4.6}$$

となる。ここで，C_1，C_2 および C_3 は未定係数である。

〔2〕 **微 分 方 程 式**（解が e^{mx}（m は実数や虚数）になる場合）

ここでは，長柱や振動問題で扱う次式で示す同次形二階線形微分方程式の解を示す。

$$a\frac{d^2y}{dx^2} + b\frac{dy}{dx} + cy = 0 \quad a, b, c \text{ は定数} \tag{4.7}$$

右辺が 0 ではなく，関数となる場合（非同次形）などもある。

この微分方程式の解を $y = e^{mx}$ と仮定して**特性方程式**をつくるとつぎのようになる。

$$am^2 + bm + c = 0 \tag{4.8}$$

式（4.7）の解は，この 2 次方程式の判別式 $D = b^2 - 4ac$ が $D>0$，$D=0$，$D<0$ により，つぎの 3 つの場合に分かれる。

① $D>0$ の場合（異なる実根を m_1 と m_2 とする） (4.9)

$y = C_1 e^{m_1 x} + C_2 e^{m_2 x}$

② $D=0$ の場合（重根を $m_1 = m_2 = m$ とする） (4.10)

$y = C_1 e^{mx} + C_2 x e^{mx}$

③ $D<0$ の場合（複素根を $p \pm qi$ とする）

$y = e^{px}(C_1 \cos qx + C_2 \sin qx) \tag{4.11}$

4.2 静定ばりの概説

静定ばりとは，3 つの静定条件（つり合い条件）のみで解析できるはりのことを指している。ここで述べる**静定条件**とは

$$+\rightarrow \Sigma H = 0, \quad +\uparrow \Sigma V = 0, \quad +\curvearrowright \Sigma M = 0 \tag{4.12}$$

であり，それぞれ左右方向力，上下方向力，および回転方向力で，これらの総和が 0 となる条件である。3 式の Σ の前にある＋の符号と矢印は，計算上任

4. 静定ばりの基礎

意に定めた力の＋方向である。この3方向力はそれぞれが直交していて，たがいに影響を与えないので，別々に考えることができる。これらが成り立てば，構造物は空間で静止することができる。静定ばりの解析には式が3つあるので，未知数（例えば反力）が3つであれば，これらを決定することができる。

図4.1の（a）〜（c）は静定ばりで，未知反力（白抜き矢印）が3つなので，静定条件のみで解析することができる。図（d）はゲルバーばりで，張出ばりの上に単純ばりを載せた静定ばりである。図（e）は未知数が3つであるが，$\sum H = 0$ を満足できないので不安定なはりである。

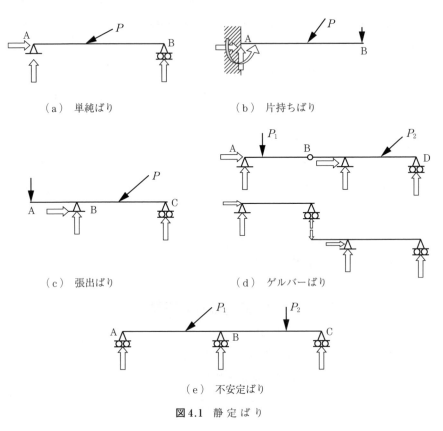

図4.1　静定ばり

4.3 支点反力

ここでは，$\sum H=0, \sum V=0$ および $\sum M=0$ を使った簡単な静定ばりの支点反力の求め方を例題を使って説明する。

例題 4.1 図 4.2 は単純ばりで，支点 A が左右と上下に固定され，支点 B が上下のみ固定され左右には自由に動くことのできるはりである。未知数としての支点反力 H_A, V_A および V_B を求めよ。

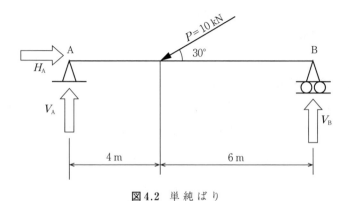

図 4.2 単純ばり

解 答

$+\rightarrow \sum H=0;\quad +H_A - P\cos 30°=0,\quad H_A=0.866\,\text{kN}$

$+\uparrow \sum V=0;\quad V_A - P\sin 30° + V_B = 0$

$+\curvearrowleft \sum M=0\ at\ \text{A}^\dagger;\quad +P\sin 30°\times 4 - V_B\times 10 = 0$

$$V_B=2\,\text{kN},\ V_A=3\,\text{kN} \quad \blacklozenge$$

例題 4.2 図 4.3 は片持ちばりで，点 A が左右，上下および回転も固定されたはりである。支点 A の反力を求めよ。

解 答

$+\rightarrow \sum H=0;\quad H_A - 10\cos 60°=0,\quad H_A=5\,\text{kN}$

---

† 点 A でモーメントの総和を考える。

4. 静定ばりの基礎

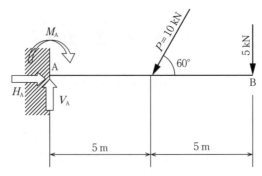

図4.3 片持ちばり

$+\uparrow \Sigma V=0$ ； $V_A - 10\sin 60° - 5 = 0$, $V_A = 13.7\,\mathrm{kN}$

$+\curvearrowright \Sigma M = 0\ at\ \mathrm{A}$ ； $+M_A + 10\sin 60° \times 5 + 5 \times 10 = 0$,

$$M_A = -136.6\,\mathrm{kN} \quad \blacklozenge$$

(例題 4.3) 図4.4は張出しばりで，点Cが支点Bから右に2m張り出している。AB間には等分布荷重が1m当り2kN（全部で8kN）作用している。左右方向の力は作用していない。支点AおよびBの支点反力を求めよ。

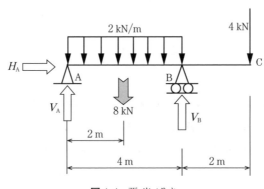

図4.4 張出ばり

解　答

$+\rightarrow \Sigma H = 0$ ； $+H_A = 0$, $H_A = 0$

$+\uparrow \Sigma V = 0$ ； $V_A - 8 + V_B - 4 = 0$

$+\curvearrowright \Sigma M = 0\ at\ \mathrm{A}$ ； $+8 \times 2 - V_B \times 4 + 4 \times 6 = 0$,

$$V_B = 10\,\mathrm{kN},\ V_A = 2\,\mathrm{kN} \quad \blacklozenge$$

【コラム 4.1】 ベクトルの足し算と力のつり合い

図 1 の問題は，AC と BC のひもに何 kN 作用するかを求めるクイズである。ここでは電卓や計算式は使えないとする。

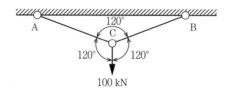

図 1　2 本のひもで吊るした 100 kN

[解説とクイズ] このクイズを初めて見る人の多くは，それぞれのひもには，50 kN の引張力が作用すると答える・・・。これは間違いであることをこれから考えてみよう。

図 2 (a) はひもを切断して，ひもに引張力を仮定したものである。図 (b) は図 (a) の 2 つの白抜きの力と 100 kN を移動して，力の三角形を作ったものである。これは，白抜きの 2 つのベクトルを足すと 100 kN になることを示していて，AC と BC に作用するのは 100 kN の引張力であることを示している。

図 (c) は点 C に集まる力を移動して力の三角形を作った図である。力の矢印が閉じていて力がつり合っている。

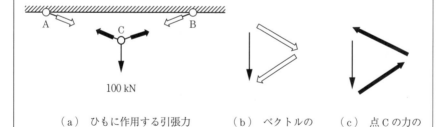

(a)　ひもに作用する引張力　　(b)　ベクトルの足し算　　(c)　点 C の力のつり合い

図 2　力の合成と分解

さて，AC と BC のひもそれぞれに 50 kN が作用するには，∠ACB を何度にしたらよいだろうか？

例題 4.4　図 4.5 は三角形板で，点 A は上下のみ固定で，点 C は上下および左右が固定されている。このような板の点 B に $P=10$ kN が作用するとき，支点 A および C に作用する支点反力を求めよ。

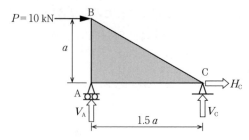

図 4.5　三角形板のつり合い

解　答

$+\rightarrow \sum H=0$ ； $10+H_C=0$, $H_C=-10\,\text{kN}$

$+\uparrow \sum V=0$ ； $V_A+V_C=0$

$+\curvearrowright \sum M=0\,at\,C$ ； $+P\times a+V_A\times 1.5a=0$,

$$V_A=-6.67\,\text{kN}, \ V_C=+6.67\,\text{kN}$$

点 C で考える荷重 P によるモーメントを考えると，$+P\times a$ になることに注意。答えにマイナスが付くのは，仮定した方向とは逆になることを示している。　　　　　　　　　　　　　　　　　　　　　　　　　　　　◆

はりの支点反力を求めるために，どのような問題であっても，答案には式 (4.12) を必ず書いておこう。

4.4　断　面　力

ここで取り扱う断面力は，はりの断面に作用する力で，軸力，せん断力および曲げモーメントである。ここでは，図 4.6 (a), (b), (c) に示すように軸力は引張力を（＋），せん断力は時計方向にまわる力を（＋），曲げモーメントは下に曲げる力を（＋）と考える。図 (d) は左右それぞれの断面で仮定する＋の断面力を示してある。ここで 4.3 節の例題で示した計算上任意の方向に定めた符号とは異なることに注意が必要である。

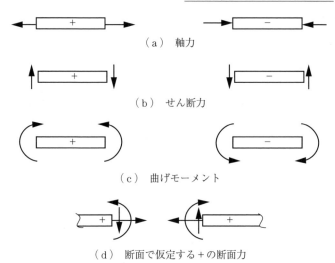

(a) 軸力

(b) せん断力

(c) 曲げモーメント

(d) 断面で仮定する+の断面力

図4.6 軸力,せん断力および曲げの符号

4.5 断面力と荷重の関係

はりの断面力（QやM）と荷重wの関係は，はりの微小要素のつり合いを考えることで求められる。この関係を求めることで，はりの任意の位置での断面力が簡単な掛け算により求めることができる。後述の例題では，従来の点xの位置でのつり合いで求める方法との比較を行う。

いま，**図4.7**（a）のようなはりのdx部を切り離したときの，はりの断面に作用するせん断力Qと曲げモーメントM，および荷重分布wの関係を図（b）のように考える。ここで，はりのdx部（AB）は静止していなければならないので，$\sum V=0$ および $\sum M=0$ が成り立たなければならない。ここでは横方向力は考えないことにする。

図（b）のせん断力とモーメントの方向は，4.4節で示した材料が受ける正の符号に従っている。

$+\uparrow\sum V=0$； $Q-wdx-(Q+dQ)=0$ より

4. 静定ばりの基礎

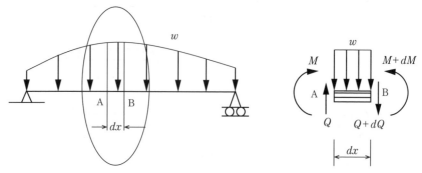

（a）分布荷重が作用する単純ばり　　　（b）微小要素に作用する断面力

図 4.7 はりの微小要素に作用する断面力と荷重

$$dQ = -w \cdot dx \quad \text{または} \quad \frac{dQ}{dx} = -w \tag{4.13}$$

$$+\circlearrowright \sum M = 0 \text{ at } B; \quad M + Q \cdot dx - w \cdot dx \cdot \frac{dx}{2} - (M + dM) = 0$$

ここで，$-w \cdot dx \cdot dx/2$ は高次の微小項（例えば，$0.01 \times 0.01 = 0.0001$ など）として省略できるので

$$dM = Q \cdot dx \quad \text{または} \quad \frac{dM}{dx} = Q, \quad \text{さらに，} \quad \frac{d^2M}{dx^2} = \frac{dQ}{dx} = -w \tag{4.14}$$

のように断面力と荷重の関係を整理することができる。

式 (4.13) と式 (4.14) の関係がわかると，はり上に分布荷重や集中荷重が載荷されたとき，例えば AB 間を積分するだけで，点 A と点 B の Q や M の変化を求めることができる。

つぎに示す単純ばり，片持ちばり，張出ばりの例題で，Q 図や M 図を求めるために，従来の方法（x 点でのつりあいを使う方法）と上記に示した式を利用する方法について詳しく述べる。

例題 4.5 従来の方法と式 (4.13)，(4.14) を利用する方法を使って図 4.8 (a) に示す単純ばりの Q 図と M 図を描いてみよう。反力は事前に計算した値と方向を示している。

ここで，図 (b), (c) の Q_x, $Q_{x'}$ および M_x, $M_{x'}$ の方向は 4.4 節に示した

4.5 断面力と荷重の関係   81

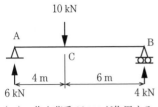
（a） 集中荷重 10 kN が作用する単純ばり

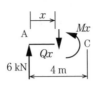
（b） AC 間の Q と M

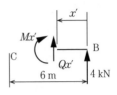
（c） BC 間の Q' と M'

図 4.8 単純ばりの断面力の問題

材料が受けるプラスのせん断力および曲げモーメントの方向を仮定してある。

解　答　図 4.8（b），（c）は，従来の方法で Q と M を求めるためのものである。

図（b）は AC 間の断面力を取り出すために切断して，断面に正の M_x と Q_x を仮定してある。AC 間を切断した部分のつり合いにより

$$+\uparrow \sum V = 0; \quad 6 - Q_x = 0, \quad Q_x = 6 \text{ kN} \quad (\text{AC 間で一定})$$

$$+\curvearrowright \sum M = 0 \text{ at } x; \quad -M_x + 6x = 0, \quad M_x = 6x \text{ [kN·m]} \quad (\text{点 A から C まで直線的に変化})$$

となる。ここで，材料が受ける符号と計算上の符号は異なることに注意する。

図（c）は BC 間の断面力を取り出すために切断して，断面に正の $M_{x'}$ と $Q_{x'}$ を仮定したものである。BC 間を切断した部分のつり合いにより

$$+\uparrow \sum V = 0; \quad +Q_{x'} + 4 = 0, \quad Q_{x'} = -4 \text{ kN} \quad (\text{BC 間で一定})$$

$$+\curvearrowright \sum M = 0 \text{ at } x'; \quad +M_{x'} - 4 \times x' = 0, \quad M_{x'} = 4x' \text{ [kN·m]}$$

となる。

つぎに，式（4.13）と式（4.14）を使った Q 図と M 図を考える。

式（4.13）の $dQ = -w \cdot dx$ を積分すると次式のようになる。

$$\int_0^{Q_x} dQ = -\int_0^x w \cdot dx; \quad w \text{ が一定の等分布荷重の場合}$$

$$Q_x = -wx + Q_0$$

ここで，AC 間のせん断力は，分布荷重がない（$w = 0$）ので，変化はない（$dQ = 0$）。結局，点 A から B までのせん断力は点 A のせん断力 $Q_0 = Q_A =$

$+6\,\mathrm{kN}$ が点 C($x=4\,\mathrm{m}$) まで一定である。

また，式 (4.14) の $dM=Q\cdot dx$ を積分すると

$$\int_0^{M_x} dM = \int_0^x Q\cdot dx$$

$$M_x = -Qx + M_0$$

となり，点 C のモーメントは AC 間のせん断力の面積（6×4）に点 A のモーメント $M_A = M_0 = 0$ を加えたものに等しく，$M_C = +24\,\mathrm{kN\cdot m}$ となる。

同様にして，BC 間のせん断力は，分布荷重がない（$w=0$）ので，せん断力の変化はない（$dQ=0$）。結局，点 B から点 C までのせん断力は点 B のせん断力 $Q_B = -4\,\mathrm{kN}$ が点 C($x'=6\,\mathrm{m}$) まで変化しない。

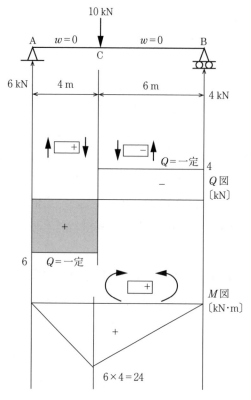

図 4.9　単純ばりの Q 図と M 図

また，点Cのモーメントは BC 間のせん断力の面積（−4×6）に点Bのモーメント $M_B=0$ を加えたものに等しく，$M_C=+24$ kN·m となる。BC 間で考えるせん断力の面積は負となるが，点Bから点Cに向かって x とは逆方向に積分するので，結局，正となることに注意が必要である。

図 4.9 は Q 図と M 図である。Q 図から AC 間が正（＋）のせん断，BC 間が負（−）のせん断を受けていることがわかる。また，M 図では，はり AB 全体が下に曲げられているのがひと目でわかる。 ◆

例題 4.6 従来の方法と式（4.13），（4.14）を利用する方法を使って，図 4.10（a）に示す片持ちばりの Q 図と M 図を描いてみよう。点Aの反力は事前に計算した値と方向を示している。

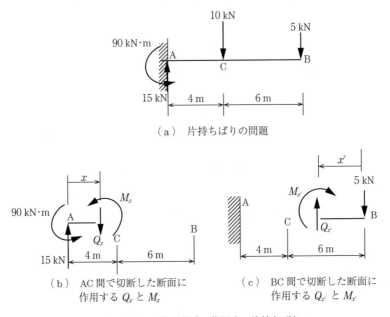

図 4.10 2つの集中荷重が作用する片持ちばり

解　答　図 4.10（b），（c）は従来の方法で Q と M を求めるためのものである。

図（b）は AC 間の断面力を取り出すために切断して，断面に正の M_x と Q_x

84   4. 静定ばりの基礎

を仮定したものである。AC間を切断した部分のつり合いにより

$+\uparrow \Sigma V=0 ; \quad +15-Q_x=0, \quad Q_x=15\,\text{kN}$ (AC間で一定)

$+\curvearrowright \Sigma M=0 \ at \ x; \quad -90-M_x+15\times x=0, \quad M_x=-90+15x$ 〔kN·m〕

(AB間で直線的に変化)

ここで，$M_x=-90+15x$ において，右辺1項目が -90 となるのは，はりの点Aの反力として，はりを上向きに曲げるモーメントが作用しているからである。

図(c)は，BC間の断面力を取り出すために切断して，断面に正の $M_{x'}$ と $Q_{x'}$ を仮定したものである。BC間を切断した部分のつり合いにより

$+\uparrow \Sigma V=0 ; \quad +Q_{x'}-5=0, \quad Q_{x'}=5\,\text{kN}$ (BC間で一定)

$+\curvearrowright \Sigma M=0 \ at \ x'; \quad +M_{x'}+5\times x'=0, \quad M_{x'}=-5x'$ 〔kN·m〕

となる。

つぎに，式 (4.13)，(4.14) を使った Q 図と M 図を考える。

例題4.5と同様にして，直接に Q, M 図を描くことを考える。

AC間のせん断力は，分布荷重がない ($w=0$) ので，せん断力の変化はない ($dQ=0$)。結局，点Aのせん断力 $Q_A=+15\,\text{kN}$ は点C ($x=4\,\text{m}$) まで変化しない。

点Cのモーメントは，AC間のせん断力の面積 (15×4) に点Aのモーメント $M_A=-90$ を加えたものに等しく，$M_C=-30\,\text{kN·m}$ となる。

同様にして，BC間のせん断力は，分布荷重がない ($w=0$) ので，せん断力の変化はない ($dQ=0$)。結局，点Bのせん断力 $Q_B=5\,\text{kN}$ は点C ($x'=6\,\text{m}$) まで変化しない。

点Cのモーメントは，BC間のせん断力の面積 (5×6) に点Bのモーメント $M_B=0$ を加えたものに等しく，$M_C=-30\,\text{kN·m}$ となる。BC間で考えるせん断力の面積は正となるが，点Bから点Cに向かって x とは逆方向に積分するので，結局，負となることに注意が必要である。

図4.11は Q 図と M 図である。　　　　　　　　　　　　　　　◆

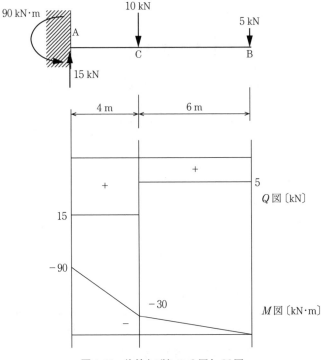

図4.11 片持ちばりの Q 図と M 図

(例題 4.7) 従来の方法と式 (4.13), (4.14) を利用する方法を使って，**図4.12**(a)に示す張出しばりの Q 図と M 図を描いてみよう。

解　答　図4.12(b), (c)は従来の方法で Q と M を求めるためのものである。

図 (b) は AB 間の断面力を取り出すために切断して，断面に正の M_x と Q_x を仮定したものである。AB 間を切断した部分のつり合いにより

$$+\uparrow \sum V=0;\quad +2-2\times x-Q_x=0,\quad Q_x=2-2x\,[\text{kN}]$$

（AB 間で直線的に変化）

$$+\curvearrowright \sum M=0\ at\ x;\ 2\times x-(2\times x)\times\frac{x}{2}-M_x=0,\quad M_x=2x-x^2\,[\text{kN·m}]$$

（AB 間で 2 次曲線）

86　4. 静定ばりの基礎

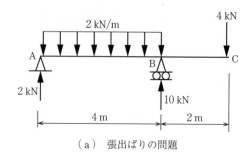

（a）張出ばりの問題

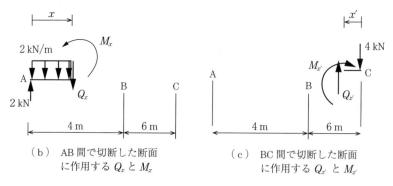

（b）AB 間で切断した断面　　　（c）BC 間で切断した断面
　　に作用する Q_x と M_x　　　　　　に作用する $Q_{x'}$ と $M_{x'}$

図4.12　等分布と集中荷重が作用する張出しばり

図（c）は CB 間の断面力を取り出すために切断して，断面に正の $M_{x'}$ と $Q_{x'}$ を仮定したものである．CB 間を切断した部分のつり合いにより

$+\uparrow \sum V = 0;\quad Q_{x'} - 4 = 0, \quad Q_{x'} = 4\,\text{kN}\quad$（BC 間で一定）

$+\sum M = 0\ at\ x';\quad M_{x'} + 4 \times x' = 0,\quad M_{x'} = -4x'\,[\text{kN·m}]$

（BC 間で直線）

つぎに，式（4.13）と（4.14）を使った Q 図と M 図を考える．

AB 間のせん断力は，$Q_A = +2\,\text{kN}$ から $-2\,(w=2)$ の割合で点 B まで直線的に変化する．ここで，点 B では $Q_B = -6\,\text{kN}$ となる．

AB 間のモーメントの極値は $Q=0$ の $x=1\,\text{m}$ で生じ（$dM/dx=Q=0$），$M_{1m} = 1\,\text{kN·m}$ である．点 B のモーメントは，AB 間のせん断力の面積 $\{(1\times 2/2) - (3\times 6/2) = -8\}$ に点 A のモーメント $M_A = 0$ を加えたものに等しく，$M_C = -8\,\text{kN·m}$ となる．

同様にして，BC 間のせん断力は，分布荷重がない（$w=0$）ので，せん断力の変化はない（$dQ=0$）。結局，点 C から点 B までのせん断力は点 C のせん断力 $Q_B=4\,\mathrm{kN}$ が点 B まで変化しない。

点 B のモーメントは，BC 間のせん断力の面積（2×4）に点 C のモーメント $M_C=0$ を加えたものに等しく，$M_B=-8\,\mathrm{kN\cdot m}$ となる。BC 間で考えるせん断力の面積は正となるが，点 C から点 B に向かって x とは逆方向に積分す

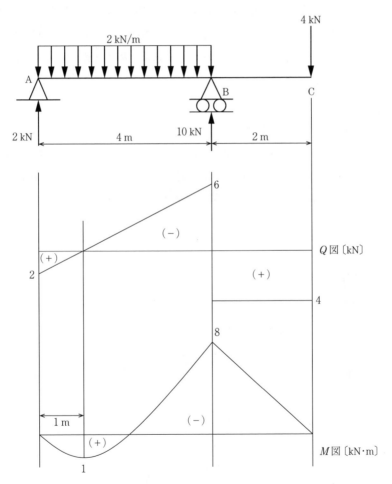

図 4.13 張出ばりの Q 図と M 図

るので，結局，負となることに注意が必要である。

図4.13はQ図とM図である。

◆

4.6 断面の性質

4.5節では，静定ばりのQ図とM図の描き方を学習した。はりを設計するにはこのQ図とM図を参照して，せん断応力や曲げ応力を求め，適切な構造材料を選択する。ここではこれらの応力を求めるために必要な断面1次と2次モーメントについて解説する。

4.6.1 断面1次モーメント

断面1次モーメント G は，断面の図心などを求めるのに，あらかじめ求めておくと便利なモーメントである。G は**図4.14**に示すように微小面積 dA に，基準線からの距離 y を乗じて断面積 A 全体で積分したもの，または図形が単純なものであれば図心までの距離 $\bar{y}$ に A を乗じたもので次式のように表される。

$$G = \int_A y\, dA = \bar{y} \cdot A$$

断面1次モーメント G は，図心を求める以外にも後述する，はりの断面に作用する，せん断応力を求めるためにも必要である。

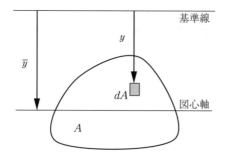

図4.14 断面1次モーメント

例題 4.8 図 4.15 は，幅 b，高さ h の長方形断面である。O 軸からの断面 1 次モーメント G_o を求めよ。

解　答

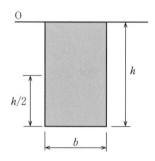

図 4.15　O 軸を基準とした矩形の断面 1 次モーメント

断面積；　$b \times h$

O 軸から図心までの距離；　$\dfrac{h}{2}$

O 軸からの断面 1 次モーメント：　$G_o = (b \times h) \times \dfrac{h}{2} = \dfrac{bh^2}{2}$　◆

例題 4.9 図 4.16 は同じ大きさの板を 2 つ組み合わせた断面を示している。底面からの図心 $\bar{y}$ を求めよ。

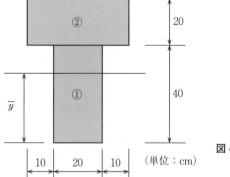

（単位：cm）

図 4.16　簡単な図形の図心

解　答　2 つの図形①および②それぞれの断面 1 次モーメントを求めて，たし合わせ，これを全面積で割れば $\bar{y}$ を求めることができる。

図形①の断面1次モーメント； $G_① = (20 \times 40) \times 20 \,[\mathrm{cm}^3]$

図形②の断面1次モーメント； $G_② = (40 \times 20) \times (40+10) \,[\mathrm{cm}^3]$

①＋②の面積； $A_① + A_② = 1\,600 \,[\mathrm{cm}^2]$

図心位置； $\bar{y} = \dfrac{G_① + G_②}{A_① + A_②} = \dfrac{56\,000}{1\,600} = 35 \,[\mathrm{cm}]$

となる。　◆

例題 4.10　図 4.17 に示す三角図形の図心 $\bar{x}$ を求めよ。

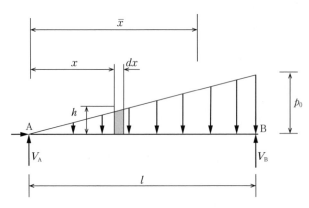

図4.17　三角形板の図心

解　答　まず，点Aを基準にした三角形部分の断面1次モーメント (G_A) をつぎの手順で求める。

A点を原点とすると，三角形の傾きは p_0/l であるから，点 x での高さ h は $p_0 x/l$ であり，分布荷重が dx 区間で一定と考えると，断面1次モーメント G_A はつぎのように求められる。

$$G_A = \int_0^l \left(\dfrac{p_0}{l} x\right) \times x\, dx = \left[\left(\dfrac{p_0}{l}\right) \times \dfrac{x^3}{3}\right]_0^l = \dfrac{p_0 l^2}{3}$$

ここで，$(p_0 x/l)dx$ は微小要素の面積，x は点Aからの距離である。三角形の面積は，$p_0 l/2$ であるから，図心位置 $\bar{x}$ はつぎのようになる。

$$\bar{x} = \dfrac{G_A}{A} = \left(\dfrac{p_0 l^2}{3}\right) \Big/ \left(\dfrac{p_0 l}{2}\right) = \dfrac{2}{3} l \tag{4.15}$$
◆

4.6.2 断面2次モーメントと曲げ応力

断面2次モーメントは，断面内での応力の分布が直線的に変化する場合に，あらかじめ求めておくと，便利なモーメントである。例えば，はりの曲げ応力や液体中の任意の面に作用する圧力を求める場合などに使われる。

図4.14を参考にした断面1次モーメントGはydAを面積全体で積分したものであった。断面2次モーメントIは基準線からの距離y^2に微小面積dAを乗じて断面積A全体で積分したもので次式のように表される。

$$I = \int_A y^2 dA$$

例題 4.11 図4.18を参考にして，断面積Aの矩形板に作用する静水圧による O 軸モーメントM_oと，O 軸からyの距離にある応力σ_yの関係を求めよ。

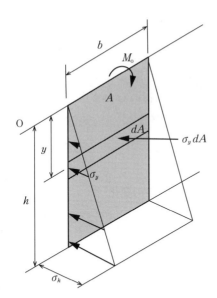

図4.18 壁Aに作用する静水圧の例

解 答 Aは全板面積，hは高さ，bは幅，σ_hは底面に作用する応力の大きさ，σ_yは位置yに作用する応力，また$\sigma_y dA$は微小面積dAに作用する力である。σ_yは直線分布する応力でつぎのように表される。

$$\sigma_y = \frac{\sigma_h}{h} \cdot y \tag{4.16}$$

4. 静定ばりの基礎

σ_h/h は直線的に変化する応力の傾きである。これを参考にすると水圧による O 軸に関するモーメント M_o はつぎのようになる。

$$M_o = \int_0^h \left(\frac{\sigma_h}{h} y dA\right) \cdot y = \frac{\sigma_h}{h} \int_0^h y^2 dA \tag{4.17}$$

断面 2 次モーメントの定義は

$$I = \int y^2 dA \tag{4.18}$$

なので,O 軸からの断面 2 次モーメントを I_o とすると

$$M_o = \frac{\sigma_h}{h} I_o \tag{4.19}$$

と表すことができる。また,この応力は直線分布をしているので

$$\frac{\sigma_h}{h} = \frac{\sigma_y}{y} \tag{4.20}$$

となり

$$\sigma_y = \frac{M_o}{I_o} y \tag{4.21}$$

のように表すことができる。このように断面の O 軸や中立軸などで,断面 2 次モーメントをあらかじめ求めておけば,任意の位置での応力を容易に求めることができる。　　　　　　　　　　　　　　　　　　　　　　　◆

4.6.3　軸の移動による断面 2 次モーメントの変化

図 4.19 に示す断面積 A の O 軸に関する断面 2 次モーメントは

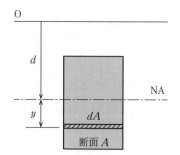

図 4.19　中立軸 NA を基準にした軸の移動

$$I_o = \int_A (y+d)^2 dA = \int_A y^2 dA + 2d\int_A y\, dA + d^2\int_A dA \tag{4.22}$$

となる。ここで，軸の平行移動を図心軸を基準にして考えると，図心軸での断面1次モーメントは

$$\int_A y\, dA = 0 \tag{4.23}$$

となるので，O軸の断面2次モーメントはつぎのようになる。

$$I_o = \int_A y^2 dA + d^2\int_A dA = I_{NA} + d^2 A \tag{4.24}$$

ここで，NAは中立軸で，はりが一様な同一部材でできている場合には，図心を通る軸であり，鉄筋コンクリートなどの合成部材断面では異なるので注意が必要である。

(例題 4.12) 図 4.20 に示す断面の O 軸に関する断面 2 次モーメントを求めよ。また式 (4.24) を利用して，求めた断面 2 次モーメントを中立軸まで移動せよ。

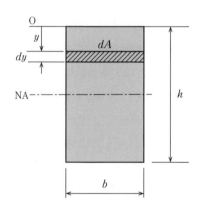

図 4.20 O軸に関する断面 2次モーメント

解　答　O軸に関する断面2次モーメント I_o は，$dA = b\, dy$ であるから

$$I_o = \int_0^h y^2 dA = \int_0^h y^2 b\, dy = \frac{bh^3}{3} \tag{4.25}$$

のようになる。はりの場合には直線分布する応力の中立軸 NA における断面2次モーメントが必要になるので，積分範囲を $-h/2$ から $h/2$ として，断面2次モーメント I_{NA} は次式で表すことができる。

$$I_{NA} = \int_{-h/2}^{+h/2} y^2 \, b \, dy = b\left[\frac{y^3}{3}\right]_{-h/2}^{+h/2} = \frac{bh^3}{12} \tag{4.26}$$

これを軸の移動の式（4.24）を変形して $I_{NA}=I_0-A \times d^2$ を使って求めると，I_0 を基準にして簡単に求めることができる。

ここで，d は移動距離である。$I_0=bh^3/3$ で $d=h/2$ であるから

$$I_{NA} = I_0 - bh \times \left(\frac{h}{2}\right)^2 = \frac{bh^3}{12} \tag{4.27}$$

となる。ここで重要なことは，中立軸に関する断面2次モーメントが最小になることである。中立軸からO軸に移動する場合には

$$I_0 = I_{NA} + bh \times \left(\frac{h}{2}\right)^2 \tag{4.28}$$

のように，中立軸から他の軸に移動する場合には I_{NA} よりも大きな値になる。

◆

4.6.4 断面1次モーメントとせん断応力

断面1次モーメントは，図心のほか，せん断応力の計算にも必要な断面モーメントである。**図4.21**（a）は，はりの Δx 区間で起こるモーメント差 ΔM およびその断面に作用するせん断力 Q を示した図である。中央の三角形状の網掛けは左右に働くモーメントによって生ずる曲げ応力分布である。

図（b）は，はりの Δx 部分をNAから y_1 の位置で切断した図を示している。切断面には $\tau \cdot \Delta x \cdot b$ の力が作用している。図（b）の右図は，左図の網掛け部分を引き抜いて，断面側のせん断応力とはりの軸側（切断面）のせん断応力を示した図である。この応力は力がつり合うように上下・左右で同じ τ が働いている。ここで，τ は切断面に作用しているせん断応力，$\Delta x \cdot b$ は切断面の面積である。この力は Δx 区間の曲げモーメント差 ΔM によって生じた力で，図に示した $F_j - F_i$ と同じである。式で表すと

$$F_j - F_i = \int_{y_1}^{y_0} \sigma_j dA - \int_{y_1}^{y_0} \sigma_i dA = \int_{y_1}^{y_0} \left(\frac{M+\Delta M}{I}\right) y dA - \int_{y_1}^{y_0} \frac{M}{I} y dA$$

$$= \int_{y_1}^{y_0} \left(\frac{\Delta M}{I}\right) y dA$$

4.6 断面の性質

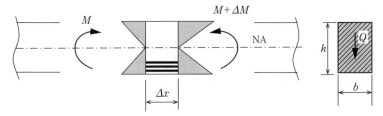

（a） Δx 区間で起こるモーメント差 ΔM とせん断力 Q

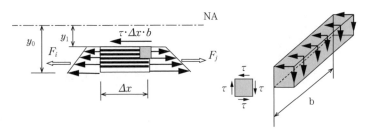

（b） 位置 y_1 における力のつり合いとせん断応力

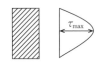

（c） 矩形断面の τ の分布と τ_{max}

図 4.21 はりに作用するモーメント差によるせん断応力と最大せん断応力[4]

ここで，F_i は図で示すように左側（i 側）で生ずる力，F_j は（j 側）で生ずる力である。また，σ_i と σ_j は，それぞれ i 側と j 側のモーメントによって生ずる垂直応力である。結局

$$\int_{y_1}^{y_0} \left(\frac{\Delta M}{I}\right) y dA = \tau \cdot \Delta x \cdot b$$

となり，$\displaystyle\lim_{x \to 0} \frac{\Delta M}{\Delta x} = \frac{dM}{dx} = Q$ を考慮すると

$$\tau = \frac{1}{Ib} \frac{dM}{dx} \int_{y_1}^{y_0} y dA = \frac{1}{Ib} QG$$

となる。ここで，$G_{(y_1 \sim y_0)}$ は NA を基準にした y_1 から y_0 までの断面積に，こ

の断面積の図心までの距離を乗じた量で，断面1次モーメントである。

図 4.21（c）は，矩形断面のせん断応力分布形状を示したもので，図心軸（NA）で最大となり，$y=\pm h/2$ でゼロになることを示している。

[例題 4.13] 図 4.22 のような断面を持ったはりの図心軸におけるせん断応力を求めよ。

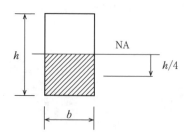

図 4.22 NA 軸に作用するせん断応力

解　答　NA における断面1次モーメント G は，斜線部の面積×$h/4$ で，$G_{h/2}=\dfrac{bh}{2}\cdot\dfrac{h}{4}=\dfrac{bh^2}{8}$ であるから，断面積を $A=bh$ とすると，つぎのようになる。

$$\tau=\dfrac{1}{\dfrac{bh^3}{12}b}\cdot Q\cdot\dfrac{bh^2}{8}=\dfrac{3Q}{2A}\qquad\blacklozenge$$

4.7　た　わ　み

4.7.1　曲率の微分方程式

はりに荷重が載荷されると，真っすぐなはりは図 4.23（a）の AB のように円弧状にまげられて，曲率が生じる。図（a）は，曲線 $f(x)$ の点 A と B における接線が x 軸となす角をそれぞれ θ，$\theta+\varDelta\theta$ となること，および AB の長さを $\varDelta s$ とすることなどを示した図である。

図 4.23 を参考にすると，$\rho\varDelta\theta=\varDelta s$ であるから，曲率 $1/\rho$ は

$$\dfrac{1}{\rho}=\lim_{\varDelta s\to 0}\dfrac{\varDelta\theta}{\varDelta s}=\dfrac{d\theta}{ds}$$

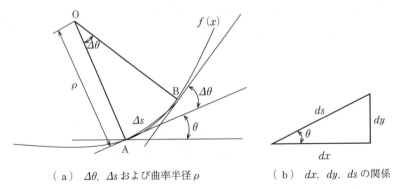

(a) $\Delta\theta$, Δs および曲率半径 ρ 　　(b) dx, dy, ds の関係

図 4.23 はりの曲率 $1/\rho$

となる。ここで $d\theta$ と ds について，つぎのように考えてみる。

$d\theta$ について

$$\tan\theta = \frac{dy}{dx} = f'(x)$$

$$(\tan\theta)' d\theta = f''(x) dx$$

$$(\tan\theta)' = \left(\frac{\sin\theta}{\cos\theta}\right)' = \frac{\cos^2\theta + \sin^2\theta}{\cos^2\theta} = 1 + \tan^2\theta = 1 + \left(\frac{dy}{dx}\right)^2$$

$$d\theta = \frac{f''(x) dx}{(\tan\theta)'} = \frac{f''(x) dx}{1 + \left(\frac{dy}{dx}\right)^2} \tag{4.29}$$

また，ds は図 (b) を参考にして次式のように表すことができる。

$$ds = \sqrt{dx^2 + dy^2} = dx\sqrt{1 + \left(\frac{dy}{dx}\right)^2}$$

曲率は，式 (4.29) と上式の ds を参考にして，次式のように表すことができる。

$$\frac{1}{\rho} = \frac{ds}{d\theta} = \frac{\dfrac{d^2y}{dx^2}}{\left(\sqrt{1 + \left(\dfrac{dy}{dx}\right)^2}\right)^{\frac{3}{2}}} \tag{4.30}$$

この曲率は，はりの曲げモーメントと関係しており，たわみ角やたわみを計算するための簡単な微分方程式を作成することができる。

曲率は点Aの接線と点Bの接線ベクトルの変化からも求めることができるので，線形代数とベクトル解析などの教科書も参考にしてみるとよい。

4.7.2 たわみの微分方程式

はりのたわみやたわみ角は，おもに荷重載荷に伴う曲げモーメントによって生じ，せん断による影響は非常に少ないと考えてよい（長さが短くて桁高の高いはりについてはここでは扱わない）。図4.24（a）は，はりの一部に，モーメントMが作用し，せん断力が作用しない純曲げの状態を示した図である。

図（b）は図（a）で示した，はり中央の斜線部分を拡大して表示したものである。$+M$（下曲げ）により斜線部上側が圧縮され，下部が引っ張られている様子を示している。図（b）の右図は，中立軸（はりの長手方向の軸）からyの位置で，曲げによる引張り応力により，断面がΔuだけ変位していることを示している。

この図から，ひずみεはつぎのように表される。

$$\varepsilon = \lim_{s \to 0} \frac{\Delta u}{\Delta s} = \frac{du}{ds} = \frac{y \cdot d\theta}{ds} \tag{4.31}$$

式（4.31）より曲率$1/\rho$は次式のように表すことができる。

$$\frac{1}{\rho} = \frac{d\theta}{ds} = \frac{\varepsilon}{y}$$

ここで，Eを弾性係数，点yの応力を$\sigma = \frac{M}{I}y$とすると，曲率は次式のように書きかえられる。

$$\frac{1}{\rho} = \frac{M}{EI} \tag{4.32}$$

ここで，前項の式（4.26）より，たわみの微分方程式は次式のようになる。

$$\frac{\frac{d^2y}{dx^2}}{\left(\sqrt{1+\left(\frac{dy}{dx}\right)^2}\right)^{\frac{3}{2}}} = \frac{M}{EI} \tag{4.33}$$

$(dy/dx)^2$は高次の項として省略できるので，モーメントによるたわみの微分

4.7 たわみ

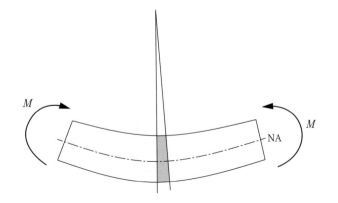

(a) 純曲げを受けるはり要素

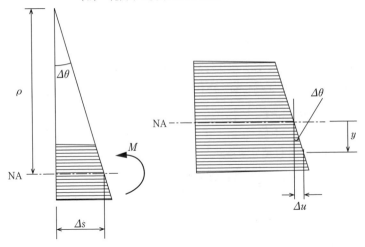

(b) 曲率半径, モーメント, ひずみの関係

図 4.24 純曲げを受けるはり要素に生ずるひずみ[1]

方程式は次式のように表すことができる。

$$\frac{d^2y}{dx^2} = -\frac{M}{EI} \tag{4.34}$$

ここでは, y 軸の正方向は下向きとしているので, 下向きの変位がプラスとなるように, 右辺にマイナスをつけている。

例題 4.14 式 (4.34) を使って図 4.25 に示す片持ちばりの点 A におけるたわみ v_A とたわみ角 θ_A を求めよ。ただし，はり AB の EI は一定とする。

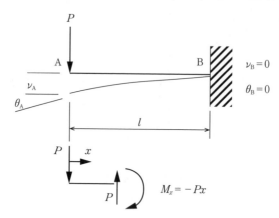

図 4.25 片持ちばりのたわみ角とたわみ

解 答 図 4.25 に示すように点 A から点 x での曲げモーメントは $M_x = -Px$ である。これを式 (4.34) に代入すると次式を得る。

$$\frac{d^2y}{dx^2} = -\frac{M_x}{EI} = \frac{Px}{EI}$$

この式をつぎのように積分する。

$$\frac{d}{dx}\left(\frac{dy}{dx}\right) = \frac{Px}{EI} \quad \Rightarrow \quad \int d\left(\frac{dy}{dx}\right) = \int \frac{Px}{EI} dx$$

点 x でのたわみ角は次式のようになる。

$$\frac{dy}{dx} = \theta = \frac{P}{2EI}x^2 + C_1 x$$

さらに積分すると

$$\int dy = \int \left(\frac{P}{2EI}x^2 + C_1 x\right) dx$$

点 x でのたわみは次式のようになる。

$$y = \frac{P}{6EI}x^3 + C_1 \frac{1}{2}x^2 + C_2$$

ここで，点 B($x=l$) のたわみとたわみ角は，$y_B = \theta_B = 0$ であるから，未定係数

の C_1 および C_2 は

$$C_1 = -\frac{Pl^2}{2EI}, \quad C_2 = \frac{Pl^3}{3EI}$$

のようになる。

これらから前述のたわみ角 θ とたわみ y は次式となる。

$$\theta = \frac{P}{2EI}x^2 - \frac{Pl^2}{2EI} = \frac{Pl^2}{2EI}\left\{\left(\frac{x}{l}\right)^2 - 1\right\} \tag{4.35}$$

$$y = \frac{P}{6EI}x^3 - \frac{Pl^2}{2EI}x + \frac{Pl^3}{3EI} = \frac{Pl^3}{6EI}\left\{\left(\frac{x}{l}\right)^3 - 3\left(\frac{x}{l}\right) + 2\right\} \tag{4.36} \quad◆$$

4.7.3 モールの定理と共役ばり

共役ばりによる方法は，いまから150年ほど前にはりのたわみ角やたわみを求めるために開発された方法で，式 (4.14) および式 (4.34) の類似性が基礎となっている。これらの式をつぎのように並べて表してみるとその類似性がよくわかる。

$$\frac{d^2M}{dx^2} = \frac{dQ}{dx} = -w \tag{4.37a}$$

$$\frac{d^2y}{dx^2} = \frac{d\theta}{dx} = -\frac{M}{EI} \tag{4.37b}$$

式 (4.37a) はモーメント M の2階の微分がせん断力の1階の微分および荷重強度 w のマイナスに等しいこと，式 (4.37b) は変位 y の2階の微分方程式がたわみ角 θ の1階の微分および $-M/EI$ に等しいこと示している。式 (4.37a) に対応するはりでは，w が作用した際の Q や M を力のつり合いから求めることができる。一方，w の代わりに M/EI（**弾性荷重**という）を荷重として作用させた別のはり（**共役ばり**という）で，力のつり合いからせん断力を求めれば，この力はもとのはりのたわみ角 θ となっている。また，M/EI を作用させたはりで曲げモーメントを求めれば，これはもとのはりの変位 y とすることができる。

例題 4.15 図 4.26 に示す片持ちばりの点 A のたわみ v_A とたわみ角 θ_A

を共役ばりを使った方法で求めよ.

解　答　図4.26は点Bを固定端とした片持ちばりである.このはりのせん断力図（Q図）と曲げモーメント図（M図）は図4.26中に示したとおりである.モールの定理ではM/EIを荷重（弾性荷重）にしてせん断力と曲げモーメントを求めれば,それぞれがたわみ角とたわみになる.しかしながら,点Bが固定されたはりにこの荷重を載せても点Aのv_Aとたわみ角θ_Aは求められない.そこで,点Aを固定し,点Bを自由端にして（問題のはりに対する共役ばり）荷重を載荷する.いま,図4.26のM/EI図では,A端を固定にして,Mがマイナス（上曲げ）なので荷重を上向きに作用させてある.

【コラム 4.2】　共役ばり

共役ばりは,実際のはりとは異なり,弾性荷重を載荷するためのはりで,単純ばり以外は,実際のはりと支点条件が異なる.

表1は,実際のはりに対する共役ばりを示したものである.単純ばりに対する共役ばりは実際のはりと同じ単純ばりである.これに対して,片持ちばりの場合は点Aのたわみ角とたわみが必要なため,この点を固定して,せん断力（たわみ角）と曲げモーメント（たわみ）を求める.点Bはたわみ角もたわみもないので自由端である.また,張出しばりは点Aと点Bのたわみがゼロで,張出し部の点Cでたわみ角とたわみが生じる.この場合の共役ばりは,点Aと点Bでヒンジ（モーメントが0）,張出し部の点Cで固定（せん断力と曲げモーメントが生じる）条件が必要となる.

表1　実際のはりと共役ばり

実際のはり	共役ばり
単純ばり A△——————△B	A△——————△B
片持ちばり A———————▨B	▨———————B
張出しばり A△———△B———C	A△———○B———▨C

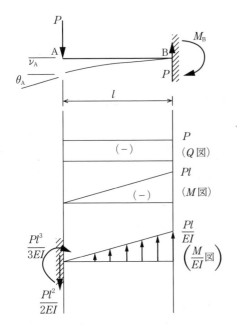

図 4.26 弾性荷重法による点 A の
たわみ角とたわみ

式 (4.35) に $x=0$ を代入すると $\theta_A = -Pl^2/2EI$,式 (4.36) に $x=0$ を代入すると $v_A = Pl^3/3EI$ となり,これらの値は,図 4.24 に示した共役ばりの点 A のせん断力 $-Pl^2/2EI$ および曲げモーメント $Pl^3/3EI$ に一致する。

章 末 問 題

[4.1]　Q 図と M 図

図 4.27 に示す単純ばりの反力を求め,Q 図と M 図を描け。

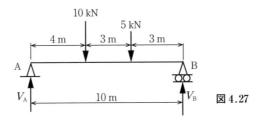

図 4.27

[4.2] Q図とM図

図4.28に示す単純ばりの反力を求め，Q図とM図を描け。

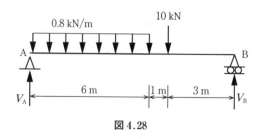

図4.28

[4.3] Q図とM図

図4.29に示す片持ちばりの反力を求め，Q図とM図を描け。

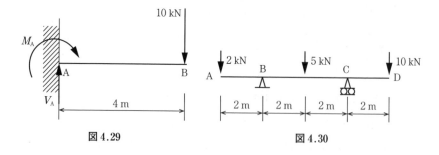

図4.29　　　　　　　　図4.30

[4.4] Q図とM図

図4.30に示す張出しばりの反力を求め，Q図とM図を描け。

[4.5] 断面二次モーメント

図4.31に示すような左右対称なT型図形の図心位置$\bar{y}$を求め，この位置での断面2次モーメント$I_{\bar{y}}$を求めよ。

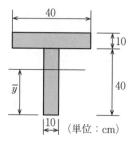

図4.31

[4.6] せん断応力

図 4.32 のような断面を持ったはりにせん断力 Q が作用しているときの図心軸 (NA) から $h/4$ におけるせん断応力を求めよ。

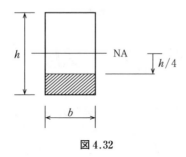

図 4.32

[4.7] モールの定理

図 4.33 に示すような点 A に M_A が作用している単純ばりのたわみ角 θ_A と θ_B をモールの定理により求めよ。ただし，EI は一定とし，はりの長さは l とする。

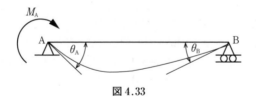

図 4.33

[4.8] モールの定理

図 4.34 に示すような点 C に P が作用している片持ちばりのたわみ v_A とたわみ角 θ_A をモールの定理により求めよ。ただし，EI は一定とし，はりの長さは l とする。

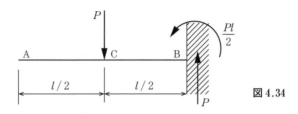

図 4.34

—5—
静 水 力 学

土木分野で学ぶ基礎力学としては，構造の力学，土の力学に加え，**水理学**あるいは**水の力学**（hydraulics）がある。水の力学としては，本来は流体としての動的な扱いも必要になるが，ここではその基礎となる静水力学のみを取り扱う。静水には，圧力と重力のみが作用する。

本章では，まず，水による力の表現方法として圧力について述べる。つぎに，**単位**（unit）や**次元**（dimension）について説明する。単位や次元については，水理学の教科書で述べられることが多いのでここで述べているが，構造の力学，土の力学にも共通する重要な事項である。以上を述べたあとに，本章のメインの内容である静水圧について説明する。そこでは，ある深さでの水圧は x, y, z 方向いずれも同じになることや，水深が深くなるにつれ，水圧が大きくなることを説明するとともに，さまざまな形状を有する平面に作用する水圧について言及する。さらに，曲面に作用する静水圧についても述べる。

5.1 静水力学に関する基礎知識

5.1.1 圧 力 と は

1章では，力について学習した。そこでは，おもに，ある1点に集中して作用する集中荷重について学んだが，力の大きさや向きを矢印を用いて表現した。ところが，水が構造物に与える力は，例えば，ダム構造物にはたらく水からの力（水圧）のように，1点に集中して作用するものではなく，広がりを持って面的に加えられる力である。このような場合，力の大きさを表現するにあたっては，単位面積当りにはたらく力として表現する。このような力を**圧力**

(pressure) といい，特に水による力の場合，**水圧** (hydraulic pressure) という。圧力の単位には，Pa（パスカル）が用いられ，Pa=N/m² である。

5.1.2 水の密度と質量，重量

　コンクリートや鉄のような構造部材（固体）と違い，水は液体であるからその大きさ（サイズ）や重さを表現するには，容器に入れるなどして，サイズを規定する必要がある。そのため，水の質量（あるいは重量）を考える場合には，その体積を明確にしたうえで，単位体積当りの質量である**密度** (density) を掛けて，密度×体積として水の質量を求める。水の密度は，温度にもよるが，おおむね 1 g/cm³ である。あるいは，1 000 kg/m³ と表現することもできる。

　例えば，3 m×4 m×5 m の容器に入った水の質量を求めたければ，水の密度 1 000 kg/m³ に水の体積（3 m×4 m×5 m＝60 m³）を掛けて，60 000 kg＝60 ton が得られる。この答を求めるのに，掛け算を行っていたのは数字だけでない。単位についても掛け算を行う。すなわち，kg/m³×m³＝kg のように，単位どうしでも掛け算を行い，正しい単位を付ける必要がある。

　また，質量と重量が異なることにも注意をしなければならない。重量は力と同じ次元を持つ量であり，質量に重力加速度を掛けて求められる。すなわち

$$F = m \times g \tag{5.1}$$

である。ここで，重力加速度 g は約 9.8 m/s² である。したがって，例えば，質量 5 000 kg のコンクリート部材の重量は，5 000 kg×9.8 m/s²＝49 000 kg·m/s² となり，これを 49 000 N と表現する。N はニュートンと呼ばれる単位で，力の単位である。あるいは，49 kN と表現することもでき，kN はキロニュートンと呼ばれる。k（キロ）は 1 000 倍のことである。

　このように，長さや質量などの物理量には単位がついていて，単位も含めて正しい計算をすることは土木工学においてとても重要である。次節では，この単位と次元について詳しく述べる。

5.2 単位と次元

水の力学に限らず，単位と次元のはなしは構造力学や土の力学にとってもたいへん重要なので，ここでよく理解してもらいたい．

5.2.1 単　　位

土木工学分野では，長さ，質量，時間など，さまざまな量を用いて物理現象を表現する．これらは**物理量**と呼ばれる．これらの物理量のなかで，たがいに独立な量のことを**基本量**と呼び，基本量の単位が**基本単位**である．**国際単位系**（**SI**）で採用される基本量は，**表 5.1** に示す 7 つである．

表 5.1　国際単位系で採用する 7 つの基本量

基本量	長さ	質量	時間	電流	温度	物質量	光度
単位	m	kg	s	A（アンペア）	K（ケルビン）	mol（モル）	cd（カンデラ）

これらの組合せによって，自然界に存在する量を表現できる．これらのうち，長さ，質量，時間の 3 つについては，土木工学分野でも頻出する量である．

例えば，「長さ」は物理量であって，基本量でもある．基本単位はメートル（m）である．一方，「密度」は**組立量**と呼ばれ，基本量ではない．なぜなら，密度は，質量を体積（長さの 3 乗）で除した量であるから，独立な量ではないからである．また，密度の単位は，kg/m^3 のように，基本単位の組合せで表現されており，このような単位を**組立単位**という．組立単位の中には，例えば，圧力（$Pa=N/m^2$）や力（$N=kg \cdot m/s^2$）のように，固有の名称がついている場合がある．現在よく用いられる **MKS 単位系**では，長さの単位をメートル（m），質量の単位を（kg），時間の単位を秒（s）で表す．

一方，**CGS 単位系**というのもある．こちらは，長さをセンチメートル（cm），質量をグラム（g），時間を秒（s）で表す単位系である．

5.2.2 SI 接頭語

7つの基本量のうち，土木でよく用いられる質量，長さ，時間に関しては，**表5.2**に示すようにさまざまな単位が用いられる。例えば，「長さ」を表現する際，長い距離を表現するのにはkm（キロメートル）が用いられる一方で，部材の寸法表記にはmm（ミリメートル）が用いられたりする。

表5.2 質量，長さ，時間に用いられるさまざまな単位

基本量	単位	用いられるその他の単位
質 量	kg	g, ton
長 さ	m	mm, cm, km
時 間	s	ms, hr, min

このようなk（キロ）やm（ミリ）のように10の整数乗倍を示す記号をSI接頭語といい，非常に大きな数字や小さな数字を表現することができる。例えば，GPa（ギガパスカル）のように組立単位に接頭語をつけて表現することもできる。**表5.3**に主なSI接頭語を示す。

表5.3 主なSI接頭語

k（キロ）	M（メガ）	G（ギガ）	T（テラ）
10^3	10^6	10^9	10^{12}
n（ナノ）	μ（マイクロ）	m（ミリ）	c（センチ）
10^{-9}	10^{-6}	10^{-3}	10^{-2}

例題 5.1 x 軸に関する断面1次モーメントは，その定義式が，$G_x = \int_A y \cdot dA$ のように表されるが，この式を見て，単位がどのようになるか考えよ。なお，ここでは長さの単位として，センチメートル（cm）を用いるものとする。

解 答 $G_x = \int_A y \cdot dA$ は，y（長さ）に微小面積 dA を掛けたものである。長さの単位は，cm，面積の単位は cm^2 であるから，断面1次モーメントの単位は cm^3 である。　◆

5.2.3 次　元

例えば，密度の単位は，kg/m³ と表すこともできるし，g/cm³ と表すこともできる。これら2つの単位の形は異なるが，どちらも質量を長さの3乗で除った量であるという点では同じである。このとき，これらの次元は等しいと表現する。すなわち，**次元**とは，ある物理量が基本単位をどのように組み合わせて（掛け合わせて）できているのかを表している。

長さの次元は [L] のように表現する。L は Length（長さ）のことである。質量は Mass で [M] で表す。時間は Time で [T] で表す。なお，次元がないことを無次元といい，その場合の次元は [1] で表す。例えば，はりのたわみ角の単位はラジアンであるが，次元がないので [1] と表す。

力の次元は [F] で表現するが，実は，[M]，[L]，[T] の3つを使って表現できる。すなわち，ニュートンの第2法則より，$F=ma$ であるから

$$[F]=[MLT^{-2}] \tag{5.2}$$

のように表すことができる。

（例題 5.2） 構造力学分野でよく用いられる「応力」は，単位面積当りの力である。水の力学でよく用いられる「圧力」も，単位面積当りの力なので，同じ次元である。これらの次元を [M]，[L]，[T] を用いて表現せよ。

解　答　これらの量は，ともに力を面積で割ったものであるから

$$[FL^{-2}]=[MLT^{-2}\cdot L^{-2}]=[ML^{-1}T^{-2}]$$

である。すなわち，$[ML^{-1}T^{-2}]$ なる次元を有している。　◆

5.3　水の圧縮性

高校の物理で，気体に圧力を加えると体積が変化することを学習したが，液体についても圧縮されると体積が変化する（それに伴い，密度も変化する）性質がある。このような性質を**圧縮性**（compressibility）といい，その程度は**圧縮率**という指標を用いて表現される。圧縮率の逆数は体積弾性率あるいは**体積弾性係数**（bulk modulus）と呼ばれる。

いま，液体に加える圧力が $p \to p+dp$ のように dp だけ増加したとき，液体の体積が $V \to V-dV$ のように dV だけ減少したとすると

$$\frac{dV}{V} = \beta \times dp \tag{5.3}$$

あるいは次式のように表すことができる。

$$\frac{dV}{V} = \frac{1}{K} \times dp \tag{5.4}$$

なお，圧縮率 β と体積弾性係数 K は逆数の関係になっている。

水の圧縮率 β は，温度によっても変化するが，非常に小さい値である。すなわち，圧力変化による水の体積変化（密度変化）は非常に小さく，無視できるほどである。

5.4 静 水 圧

5.4.1 静水圧の等方性

まず最初に，x, y, z の3方向で静水圧が等しくなることを説明する。図5.1に示す微小要素を考え，x 面（△OBC, 面積 dA_x）に水圧 p_x（p_x と表記するのは，面の法線の方向が x 軸方向だからである），y 面（△OAC, 面積 dA_y）に水圧 p_y，z 面（△OAB, 面積 dA_z）に水圧 p_z が作用しているものと

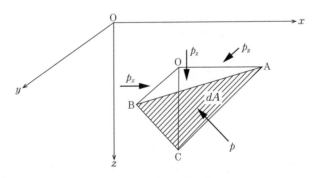

図5.1 静水圧の等方性

する。ここで，OA，OB，OC はそれぞれ x, y, z 軸に平行にとっている。

これら3つの力につり合うように △ABC（面積は dA）に垂直に作用する圧力を p とし，x, y, z 方向に関する方向余弦を (l, m, n) とする。水圧 p に dA を掛け，さらに方向余弦を掛けた $(p \cdot dA \cdot l, \ p \cdot dA \cdot m, \ p \cdot dA \cdot n)$ は △ABC に作用する静水圧を x, y, z の3方向に分解したものである。△ABC に作用する力 $p \cdot dA$ の x 方向成分 $p \cdot dA \cdot l$ と x 面に作用する力 $p_x \cdot dA_x$ がつり合っているので

$$p \cdot dA \cdot l = p_x \cdot dA_x = p_x \cdot l dA$$

ゆえに

$$p_x = p \tag{5.5}$$

が得られる。y 方向についても同様にして

$$p \cdot dA \cdot m = p_y \cdot dA_y = p_y \cdot m dA$$

ゆえに

$$p_y = p \tag{5.6}$$

が得られる。z 方向には静水圧に加え，重力もはたらくので，若干，取扱いが異なる。x, y 方向と同様に，△ABC に作用する力 $p \cdot dA$ の z 方向成分は $p \cdot dA \cdot n$ であり，z 面に作用する力は $p_z \cdot dA_z$ である。微小要素の体積（三角錐の体積）は，底面の面積 dA_z に高さ OC を掛けて3で割ったものであるから，その重量は $dA_z \cdot OC \cdot \rho g / 3$ となる。これらがつり合っているので

$$p \cdot dA \cdot n = p_z \cdot dA_z + \frac{1}{3} dA_z \cdot OC \cdot \rho g$$
$$= \left(p_z + \frac{1}{3} \cdot OC \cdot \rho g\right) \cdot n \cdot dA$$

を得る。ゆえに

$$p_z = p - \frac{1}{3} \cdot OC \cdot \rho g \tag{5.7}$$

ただし，微小要素の大きさは非常に小さく，OC→0 なので，$p_z = p$ となる。以上より

$$p_x = p_y = p_z = p \tag{5.8}$$

となる。すなわち、水中のある点における静水圧は、あらゆる方向で等しい値となる。

5.4.2 静水圧の大きさ

静水圧の大きさが、水深が深くなるにつれ大きくなることを説明する。いま、水面に原点を置き図 5.2 のような座標をとり、深さ z の位置に各辺の大きさが d_x, d_y, d_z であるような微小要素を考える。ここで、この微小要素に対し、z 方向の力のつり合いを考える。要素の上面からは水圧 p が作用すると、要素の下面からは p よりも少しだけ大きい水圧が作用する。その増分は、z 方向の水圧変化（傾き）dp/dz に z 方向の位置の増分 dz を掛けて近似的に表現される。すなわち、要素下面からは、$p+(dp/dz)\cdot dz$ の水圧が作用することになる。これらに加えて、微小要素の重量 $\rho g \cdot dx\,dy\,dz$ も考慮すると

$$p \cdot dx\,dy - \left(p+\frac{dp}{dz}dz\right)dx\,dy + \rho g \cdot dx\,dy\,dz = 0$$

となり、その結果、次式が得られる。

$$\frac{dp}{dz} = \rho g \tag{5.9}$$

密度 ρ 一定として、z に関して積分すると

$$p = \rho g z + c_0 \tag{5.10}$$

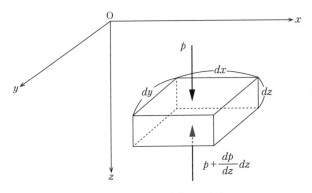

図 5.2　静水圧の z 方向のつり合い

となる。ここで、積分定数 c_0 は、水面（$z=0$）での圧力（大気圧）を 0 （基準）という境界条件を適用することで $c_0=0$ となる。その結果、静水圧は次式のようになる。

$$p = \rho g z \tag{5.11}$$

すなわち、水深が深くなるにつれて静水圧は大きくなる。

5.5 矩形平面に作用する静水圧

水中に鉛直に置かれた矩形平面に作用する水圧を考える（図 5.3）。水平面から鉛直下向きに z 軸をとると、深さ z の位置では単位面積当り $\rho g z$ の水圧がはたらくことは前節で学習したとおりである。その知識を使い、いろいろな形状の平面に作用する水圧の大きさと全静水圧の作用位置を求めてみよう。

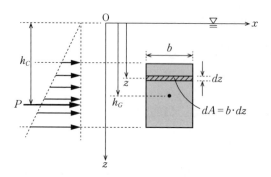

図 5.3 鉛直に置かれた矩形平面に作用する静水圧

5.5.1 静水圧の大きさ

平面の形状としてはさまざまなものが考えられるが、まず最初に、最もわかりやすい平面形状の例として、幅 b、高さ d の長方形の板（平面）を考える。図 5.3 の斜線部 bdz に作用する力は $\rho gz \cdot bdz$ であるから、これを平面全体にわたって積分すると、平面に作用する全静水圧は、つぎのように求められる。

5.5 矩形平面に作用する静水圧

$$P = \int_z \rho g z b dz$$

いま，ρg は単位体積重量であり，これが一定値であるとすると

$$P = \rho g \int_z z b dz \tag{5.12}$$

ところで，4章では図心について学習した。それによると，ある軸（ここでは地表に置かれた水平軸：x 軸）に関する**断面1次モーメント**（geometrical moment of area）は，$G_x = \int_A z dA$ と表される。ここで，$dA = bdz$ を考慮して

$$G_x = \int_z z b dz \tag{5.13}$$

これが x 軸から平面の図心までの距離 h_G に平面の面積 A を掛けたものに等しいので

$$\int_z z b dz = h_G A \tag{5.14}$$

よって，平面に作用する全静水圧 P は，式 (5.12)，(5.14) から

$$P = \rho g h_G A \tag{5.15}$$

のように求められる。

5.5.2 全静水圧の作用位置

次に，全静水圧の作用位置 h_C（図 5.3 参照）を求める。平面のある部分 dA に作用する力 $\rho g z \cdot dA$ による地表においた軸まわりのモーメントは $\rho g z \cdot dA \cdot z$ となるが，それを平面全体について積分した値と，全静水圧によるモーメント $P \cdot h_C$ が等しくならなければならないから

$$\int_A \rho g z \cdot dA \cdot z = P \cdot h_C$$

$\rho g =$ 一定として上式の左辺を整理すると

$$\rho g \int_A z^2 dA = P \cdot h_C \tag{5.16}$$

ここで，$\int_A z^2 dA$ は x 軸に関する断面 2 次モーメント I_x の定義そのもので

あるから，式 (5.16) は

$$\rho g I_x = P \cdot h_C \tag{5.17}$$

である。ところで，4章で学習したように x 軸まわりの**断面2次モーメント**（geometrical moment of inertia）I_x と図心軸まわりの断面2次モーメント I_0 には，つぎの関係がある。

$$I_x = I_0 + h_G^2 A \tag{5.18}$$

ここで，h_G は x 軸と図心軸との距離である。

式 (5.18) を式 (5.17) へ代入すると，左辺は，$\rho g (I_0 + h_G^2 A)$ となる。

一方，全静水圧 P の大きさは $P = \rho g h_G A$ であることから式 (5.17) を整理すると次式となる。式 (5.15) より

$$\rho g (I_0 + h_G^2 A) = \rho g h_G A \cdot h_C \tag{5.19}$$

よって，最終的に，水面から全静水圧の作用点までの距離 h_C はつぎのように求められる。

$$h_C = \frac{I_0}{h_G A} + h_G \tag{5.20}$$

（例題 5.3） 図 5.4 に示す幅 1 m，長さ 2 m の矩形板に作用する全静水圧とその作用位置（水面からの距離）を求めよ。

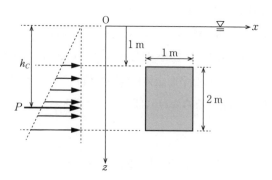

図 5.4　鉛直に置かれた矩形平面に作用する静水圧

解　答　全静水圧の大きさ P は

$P = \rho g h_G A$

$$= 1\,000\,\text{kg/m}^3 \times 9.8\,\text{m/s}^2 \times 2\,\text{m} \times 2\,\text{m}^2$$
$$= 39\,200\,\text{kg}\cdot\text{m/s}^2 = 39\,200\,\text{N}$$

全静水圧 h_C の作用位置はつぎのようになる。

$$h_C = \frac{I_0}{h_G A} + h_G$$

$$= \frac{1 \times 2^3/12\,\text{m}^4}{2\,\text{m} \times 2\,\text{m}^2} + 2\,\text{m} = 2.167\,\text{m} \qquad \blacklozenge$$

5.6　任意形状の平面に作用する静水圧

　前節では，水中に鉛直に置かれた平面の平面形状として，最も取扱いが容易な矩形の場合を考えたが，ここでは，もう少し説明を一般化するために，任意の形状を考える。その場合には，平面の幅 b は一定値でなく，深さによって変化する。すなわち，(**図 5.5**) に示すように，平面の幅は $b = b(z)$ のように z の関数となる。このような任意形状を有する平面について，作用する静水圧の大きさと全静水圧の作用位置を求めてみよう。

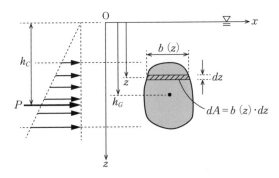

図 5.5　鉛直に置かれた任意形状の平面に作用する静水圧

5.6.1 静水圧の大きさ

図5.5において斜線部 $b(z)dz$ に作用する力は $\rho gz \cdot b(z)dz$ であるから，これを平面全体にわたって積分すると，平面に作用する全静水圧 P は，つぎのように求められる。

$$P = \int_z \rho gz b(z) dz$$

いま，ρg は単位体積重量であり，これが一定値であるとすると

$$P = \rho g \int_z z b(z) dz \tag{5.21}$$

のように表すこともできる。地表に置かれた水平軸（x 軸）に関する断面1次モーメントは，$G_x = \int_A z dA$ と表されるが，ここで，$dA = b(z)dz$ を考慮して

$$G_x = \int_z z b(z) dz \tag{5.22}$$

これが x 軸から平面の図心軸までの距離 h_G に平面の面積 A を掛けたものに等しいので

$$\int_z z b(z) dz = h_G A \tag{5.23}$$

よって，平面に作用する全静水圧は，式 (5.21) と (5.23) から

$$P = \rho g h_G A \tag{5.24}$$

のように求められる。なお，図心の位置 h_G は次式から求められる。

$$h_G = \frac{1}{A} \int_z z b(z) dz = \frac{G_x}{A}$$

すなわち，断面1次モーメント G_x と断面積 A から決まってくる。

5.6.2 全静水圧の作用位置

つぎに，全静水圧の作用位置 h_C を求める。図5.5で，平面の部分 dA に作用する圧力 $\rho gz \cdot dA$ による地表においた軸まわりのモーメント $\rho gz \cdot dA \cdot z$ を平面全体について積分した値と，全静水圧によるモーメント $P \cdot h_C$ が等しくならなければならないから

$$\int_A \rho g z \cdot dA \cdot z = P \cdot h_C$$

$\rho g=$ 一定として上式の左辺を整理すると

$$\rho g \int_A z^2 dA = P \cdot h_C \tag{5.25}$$

ここで，$\int_A z^2 dA$ は x 軸に関する断面2次モーメント I_x であるから

$$\rho g I_x = P \cdot h_C \tag{5.26}$$

である。ところで，x 軸まわりの断面2次モーメント I_x と図心軸まわりの断面2次モーメント I_0 には，式（5.18）に示したように

$$I_x = I_0 + h_G^2 A$$

の関係がある。ここで，h_G は x 軸と図心軸との距離である。

これを式（5.26）へ代入すると，左辺は，$\rho g (I_0 + h_G^2 A)$ となる。

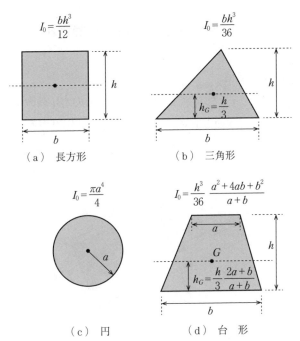

図5.6 代表的な平面形状の図心位置と断面2次モーメント

一方，全静水圧 P の大きさは $P=\rho g h_G A$ であることを思い出して，式 (5.26) を考えると

$$\rho g(I_0 + h_G^2 A) = \rho g h_G A \cdot h_C$$

よって，最終的に，全静水圧の作用点までの距離 h_C は以下のように求められる。

$$h_C = \frac{I_0}{h_G A} + h_G \qquad (5.27)$$

すなわち，静水圧が作用する平面の形状が任意の場合であっても，式の形は変わらず，h_G, A, I_0 の値が変化するだけである。

図 5.6 に，長方形以外の代表的な平面形状について，図心の位置と図心まわりの断面 2 次モーメントを示す。式 (5.27) は，これらの平面にも適用できる。

5.7 傾斜平面に作用する静水圧

5.7.1 静水圧の大きさ

つぎに，傾斜している平面に水圧が作用する場合の水圧の大きさと作用位置を求める。ここでは，水面と α の角をなす傾斜面に作用する全静水圧とその位置を求めることにする。いま，図 5.7 のように傾斜面を考え，その方向に s

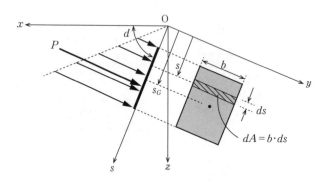

図 5.7 傾斜した平面に作用する静水圧

5.7 傾斜平面に作用する静水圧

軸をとると，深さ z と s との関係は，つぎのように表される．

$$z = s \sin \alpha \tag{5.28}$$

すでに学習したように，深さ z での静水圧は $\rho g z$ であり，あらゆる方向にこの静水圧が作用する．よって，傾斜平面上 s の位置では，つぎの静水圧が作用していることになる．

$$\rho g z = \rho g s \sin \alpha \tag{5.29}$$

したがって，傾斜平面上の微小要素 $b \cdot ds$ に作用する力 dP は

$$dP = \rho g s \sin \alpha \cdot b \cdot ds$$

となる．これを平面全体にわたって積分すると，平面に作用する全静水圧を求めることができる．

$$P = \int_s \rho g s \sin \alpha \cdot b \cdot ds = \rho g \sin \alpha \int_s s b ds \tag{5.30}$$

ここで，$\int_s s b ds$ は y 軸に関する断面1次モーメントである．

$$\int_s s b ds = \int_A s dA = G_y = s_G A \tag{5.31}$$

ここで，s_G は地表面においた y 軸から傾斜平面図心までの距離である．
よって，全静水圧 P は，式 (5.30) と式 (5.31) から

$$P = \rho g \sin \alpha \cdot s_G A \tag{5.32}$$

となる．$s_G \sin \alpha = h_G$ であるので，全静水圧の大きさ P は

$$P = \rho g h_G A \tag{5.33}$$

となる．すなわち，平面が傾斜している場合でも，傾斜平面の図心深さ h_G を考えれば，平面が傾斜していない場合と同じ形になる．

5.7.2 全静水圧の作用位置

つぎに，全静水圧の作用位置 s_C を求める．図5.7で平面の微小部分 dA に作用する力 $\rho g z \cdot dA$ による地表においた y 軸まわりのモーメント $\rho g z \cdot dA \cdot s$ の平面全体にわたる和（積分値）と，全静水圧によるモーメント $P \cdot s_C$ が等しくならなければならない．まず，静水圧による地表まわりのモーメントは，式

(5.30) と同様に

$$\int_A \rho gz dA \cdot s = \int_A \rho gs \sin \alpha dA \cdot s = \rho g \sin \alpha \int_A s^2 dA \tag{5.34}$$

である。$\int_A s^2 dA = I_y$ なので、$\rho g \sin \alpha \int_A s^2 dA = \rho g \sin \alpha I_y$ であり、これが全静水圧 P に全静水圧作用位置の地表からの距離 s_C をかけたもの $P \cdot s_C$ に等しいので

$$\rho g \sin \alpha I_y = P \cdot s_C \tag{5.35}$$

ところで、断面2次モーメント I_y は、図心軸まわりの断面2次モーメント I_0 とつぎのような関係にある。

$$I_y = I_0 + s_G^2 A \tag{5.36}$$

よって、式 (5.35) は

$$\rho g \sin \alpha (I_0 + s_G^2 A) = P \cdot s_C \tag{5.37}$$

ここで、右辺の P は

$$P = \rho g h_G A = \rho g s_G \sin \alpha A \tag{5.38}$$

であるから、式 (5.37) に代入して

$$\rho g \sin \alpha (I_0 + s_G^2 A) = \rho g s_G \sin \alpha A \cdot s_C$$

最終的に、全静水圧の作用点までの距離 s_C はつぎのように求められる。

$$s_C = \frac{I_0}{s_G A} + s_G \tag{5.39}$$

この式は式 (5.27) と同じ形になっている。

例題 5.4 図 5.8 に示す幅 2 m、長さ 3 m、水面とのなす角度 70° の矩形板に作用する全静水圧とその作用位置(水面からの距離)を求めよ。ただし、$s_1 = 1$ m とする。

解　答

$s_G = 1\,\mathrm{m} + \dfrac{1}{2} \times 3\,\mathrm{m} = 2.5\,\mathrm{m}$ なので、全静水圧は

$$P = \rho g s_G \sin \alpha A = 1\,000\,\mathrm{kg/m^3} \times 9.8\,\mathrm{m/s^2} \times 2.5\,\mathrm{m} \times \sin 70° \times 6\,\mathrm{m^2}$$
$$= 138\,135\,\mathrm{N}$$

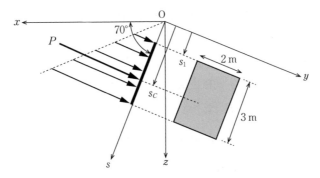

図 5.8 傾斜した平面に作用する静水圧

全静水圧の作用位置はつぎのようになる。

$$s_C = s_G + \frac{I_0}{s_G A} = 2.5\,\mathrm{m} + \frac{1}{12} \cdot 2 \cdot 3^3 \times \frac{1}{2.5 \cdot 6} = 2.8\,\mathrm{m}$$ ◆

5.8 曲面に作用する静水圧

いま，**図 5.9** のような曲面を考える。曲面上の微小要素 dA の x, y, z 方向投影面を，それぞれ dA_x, dA_y, dA_z とする。曲面に作用する全静水圧は，曲面を微小平面に分割し，微小平面に作用する力の x, y, z 方向成分を求め，曲面全体について和をとったもの（積分したもの）と考えることができる。ある

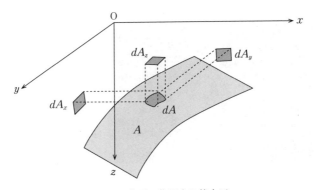

図 5.9 曲面に作用する静水圧

要素 dA に作用する全静水圧の x 方向成分 dP_x を考えると，つぎのように表すことができる。

$$dP_x = \rho g z \cdot dA_x \tag{5.40}$$

ここで，dA_x は dA を x 方向に投影した面積である。

全静水圧の x 方向成分 P_x は，つぎのようになる。

$$P_x = \int_{A_x} dP_x = \int_{A_x} \rho g z \cdot dA_x = \rho g \int_{A_x} z dA_x \tag{5.41}$$

─【コラム 5.1】　ダムのはなし─

　本章で学んだように，静水圧は深くなるほど大きくなる，というものであった。図1は四国の水がめ早明浦（さめうら）ダムの写真であり，水不足の問題を抱える四国ではとても有名なダムである。ダムのサイズは，ダムの高さ（堤高）で表現されるが，この早明浦ダムは高さが106 m もあり，27 階建のビルに相当する高さである（参考文献）。そのため，ものすごい水圧が作用していることは容易に想像できる。この水圧に耐えるためのさまざまなダム形式，メカニズムについては土木工学の専門科目で習うことになるが，写真の早明浦ダムは重力式コンクリートダムと呼ばれ，巨大なコンクリートの塊の重さによって安定的に水圧を支えている。

　近年，豪雨災害が各地で頻発しているが，ダムの洪水調整機能を高めるため，ダムに穴をあけるといったダム改造の事例が見られるようになってきている。
（参考文献：早明浦ダムのホームページ）
　http://www.water.go.jp/yoshino/ikeda/sameura/same_index.htm

図1　四国の水がめ
　　 早明浦ダム

ここで，dA_x は yz 面に投影された投影面であるから，$\int_{A_x} z dA_x$ は投影面の y 軸に関する断面1次モーメントである．曲面の x 方向投影面の図心深さを h_{G_x} とおいて

$$\int_{A_x} z dA_x = h_{G_x} A_x$$

のように表すことができる．これを式（5.41）へ代入して

$$P_x = \rho g \int_{A_x} z dA_x = \rho g h_{G_x} A_x \tag{5.42}$$

となる．同様に

$$P_y = \int_{A_y} \rho g z \cdot dA_y = \rho g \int_{A_y} z dA_y = \rho g h_{G_y} A_y \tag{5.43}$$

となる．ここで，h_{G_y} は投影面 A_y の図心までの深さである．

z 方向については

$$P_z = \int_{A_z} \rho g z \cdot dA_z = \rho g \int_{A_z} z dA_z \tag{5.44}$$

のようになるが，$z dA_z$ が微小投影面 dA_z 上の水の体積であるから，それを投影面にわたって積分した $\int_{A_z} z dA_z$ は，曲面上の水の体積となる．これに ρg を掛けて得られる P_z は，曲面上に載る水（鉛直水柱）の重量ということになる．

章 末 問 題

[**5.1**] 三角形の図心の位置
図 5.6（b）において，三角形の図心の位置が $h_G = h/3$ となることを示せ．
[**5.2**] 台形の図心位置
図 5.6（d）において，台形の図心位置が $h_G = \dfrac{h}{3} \dfrac{2a+b}{a+b}$ となることを示せ．
[**5.3**] 鉛直平面に作用する静水圧
図 5.10 に示す矩形平面に作用する全静水圧とその作用位置（水面からの距離）を求めよ．
[**5.4**] 傾斜平面に作用する静水圧
図 5.11 に示す傾斜平面に作用する全静水圧とその作用位置を求めよ．ただし，水の

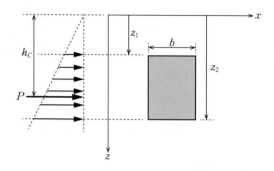

図 5.10 矩形板に作用する静水圧

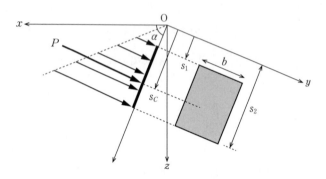

図 5.11 傾斜した平面に作用する静水圧と作用位置

密度を ρ, 重力加速度を g, 傾斜面が水面となす角度を α とする。

[**5.5**] 円弧状ゲートに作用する静水圧

図 5.12 に示す円弧状ゲート（円の 1/4 の部分）に作用する全静水圧の水平成分，鉛直成分とそれらの作用位置を求めよ。ただし，円の半径，水深とも 3 m，ゲートの幅（奥行）は 5 m とする。

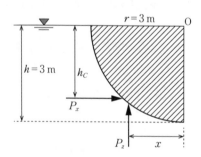

図 5.12 円弧状ゲート

付　　　録

1. おもな断面の諸量

断面形	断面積	図心位置	図心軸まわりの断面2次モーメント
長方形（$b \times h$）	bh	$\dfrac{h}{2}$	$\dfrac{bh^3}{12}$
円（半径 r）	πr^2	r	$\dfrac{\pi r^4}{4}$
三角形（底辺 b、高さ h）	$\dfrac{1}{2}bh$	$y_0 = \dfrac{h}{3}$	$\dfrac{bh^3}{36}$

2. 単純ばりと片持ちばりのたわみとたわみ角

はりと荷重のタイプ	たわみ	たわみ角
単純ばり中央集中荷重 P（A―C―B、$l/2 + l/2$）	$v_C = \dfrac{Pl^3}{48EI}$	$\theta_A = \theta_B = \dfrac{Pl^2}{16EI}$
単純ばり等分布荷重 w	$v_C = \dfrac{5wl^4}{384EI}$	$\theta_A = \theta_B = \dfrac{wl^3}{24EI}$
片持ちばり先端集中荷重 P（A固定―B）	$v_B = \dfrac{Pl^3}{3EI}$	$\theta_B = \dfrac{Pl^2}{2EI}$
片持ちばり等分布荷重 w	$v_B = \dfrac{wl^4}{8EI}$	$\theta_B = \dfrac{wl^3}{6EI}$

引用・参考文献

★1章
1) 近角聰信, 三浦　登（共編）：理解しやすい物理, 文英堂（2013）
2) 竹間　弘, 樫山和男：構造力学の基礎, 日新出版（1995）
3) 青木徹彦：構造力学, コロナ社（1986）
4) 春日屋伸昌, 小林長雄：応力学（Ⅰ）, 彰国社（1968）
5) 能町純雄：構造力学Ⅰ, 朝倉書店（1974）

★4章
1) E. P. Popov：Mechanics of Materials, 2nd ed., Prentice-Hall（1976）
2) J. L. Meriam：Statics; Engineering Mechanics Vol. 1, John Willey and Sons（1978）
3) R. C. Hibbeler：Structural Analysis, 4th ed., Prentice-Hall（1999）
4) 遠田良喜, 成岡昌夫：土木構造力学, 市ヶ谷出版社（2002）

★5章
1) 鮭川　登：水理学, コロナ社（1987）
2) 本間　仁：標準水理学, 丸善（1984）
3) 玉井信行, 有田正光（共編）, 浅枝　隆, 有田正光, 池田　毅, 佐藤大作, 玉井信行（共著）：水理学, オーム社（2014）

章末問題の解答

★ 1章

[1.1]　$1\,\text{N}=1\,\text{kg}\times 1\,\text{m/s}^2=1000\,\text{g}\times 100\,\text{cm/s}^2=1\times 10^5\,\text{g·cm/s}^2=1\times 10^5\,\text{dyn}$

[1.2]　水平方向の力のつり合いを考えると

$$P_2\cos 30°=P_3\cos 30°$$

よって

$$P_2=P_3 \quad\cdots\cdots\text{①}$$

鉛直方向の力のつり合いを考えると

$$P_2\sin 30°+P_3\sin 30°=100\,\text{kN}$$

よって

$$\frac{1}{2}(P_2+P_3)=100\,\text{kN}\cdots\cdots\text{②}$$

式①，式②より

$$P_2=P_3=100\,\text{kN}$$

となる。100 kN の荷重を支えるのに，合計 200 kN の力を必要とするので，少し不思議な気がするかもしれない。

[1.3]　鉛直下向きの等分布荷重を集中荷重に置き換える際に，力のつり合い条件

$$\sum V=0,\ \sum M=0$$

に対する影響が同じように置き換えるなら，力のつり合いに影響を与えない。

まず，鉛直については，微小要素 dx 当りの力は $w_0 dx$ となるから，積分して

$$P=\int_0^l w(x)\,dx=\int_0^l w_0\,dx=w_0\int_0^l dx=w_0[x]_0^l=w_0 l$$

つぎに，モーメントのつり合いについては，左端からの距離を x として

$$M=\int_0^l w_0 x\,dx=w_0\int_0^l x\,dx=w_0\left[\frac{x^2}{2}\right]_0^l=w_0 l\frac{l}{2}=P\cdot\frac{l}{2}$$

すなわち，うでの長さは $l/2$ となるので，等分布荷重が作用する区間の中央に集中荷重を作用させることになる。

[1.4] 鉛直下向きの三角形分布荷重を集中荷重に置き換える際に，力のつり合い条件

$$\sum V = 0, \ \sum M = 0$$

に対する影響が同じように置き換えるなら，力のつり合いに影響を与えない．

まず，鉛直については，左端から x での分布荷重の大きさは，$w(x) = \dfrac{w_0}{l} x$ となるから

$$P = \int_0^l w(x)\,dx = \int_0^l \frac{w_0}{l} x\,dx = \frac{w_0}{l}\left[\frac{x^2}{2}\right]_0^l = \frac{1}{2} w_0 l$$

となり，三角形の面積に相当する集中荷重に置き換えればよい．

つぎに，モーメントのつり合いについては

$$M = \int_0^l w(x) x\,dx = \int_0^l \frac{w_0}{l} x^2\,dx = \frac{w_0}{l}\left[\frac{x^3}{3}\right]_0^l = \frac{w_0}{l} \cdot \frac{l^3}{3} = w_0 \frac{l^2}{3} = \frac{1}{2} w_0 l \cdot \frac{2}{3} l$$

よって，集中荷重 $P = w_0 l / 2$ の大きさの力を，左端から $2l/3$ の位置に作用させればよいことになる．

[1.5] モーメントは偶力で表現されるので，点 B に関するモーメント M_B を，$M_B = P \cdot a$（時計まわり）と置き換える．では，これらの偶力をなす 2 つの力 P による点 A に関するモーメントを考えてみると

$$M_A = -P \cdot \left(l - \frac{a}{2}\right) + P \cdot \left(l + \frac{a}{2}\right) = P \cdot a$$

となり，点 A でも同じモーメントの値となる（$M_A = M_B$）．すなわち，点 B でモーメントのつり合いが取れていて，$M_B = 0$ なら，M_A も 0 となる（**解図 1.5**）．

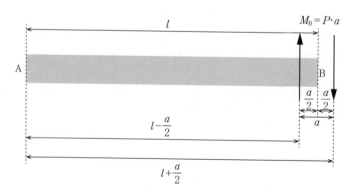

解図 1.5 偶 力

章末問題の解答　131

★ 2 章

[2.1] 応力などの計算を行う場合は荷重の単位は N，寸法（長さ）は mm に統一して計算する．すなわち，$P=30\,\text{kN}=30\times10^3\,\text{N}$，$L=1\,\text{m}=1\times10^3\,\text{mm}$，$E=200\,\text{kN/mm}^2=200\times10^3\,\text{N/mm}^2$，として計算をすすめる．

① 応力 $\sigma=P/A=30\times10^3/15^2\pi=42.462=42.46\,\text{N/mm}^2=42.46\,\text{MPa}$

② $\sigma=E\varepsilon$ より，$\varepsilon=\sigma/E=42.46/200\times10^3=0.211\,3\times10^{-3}=211\times10^{-6}=211\,\mu$

③ $\varepsilon=\lambda/L$ より，$\lambda=\varepsilon L=211\times10^{-6}\times1\times10^3=0.211\,\text{mm}$

④ $\nu=\left|\dfrac{\varepsilon'}{\varepsilon}\right|$ より，$\varepsilon'=-\nu\varepsilon=-0.25\times211\times10^{-6}=-53\times10^{-6}=-53\,\mu$

[2.2]
（1）レールの長さ $L=25\,\text{m}=25\times10^3\,\text{mm}$ とすると，$\lambda_t=\alpha(T_2-T_1)L$ より
$T_2-T_1=\lambda_t/\alpha L=7.5/(1.2\times10^{-5}\times25\times10^3)=25\,\text{℃}$
したがって，$T_2=25+T_1=35\,\text{℃}$

（2）柱が拘束されていない場合に生じる熱ひずみ ε_t は
$\varepsilon_t=\alpha\cdot\Delta t=1.2\times10^{-5}\times20=240\times10^{-6}=240\,\mu$
となる．
両端が固定されているため，このひずみの分だけ圧縮された状態となっている．このときに生じる温度応力を σ_t とすると
$\sigma_t=E\varepsilon_t=200\times10^3\times240\times10^{-6}=48\,\text{N/mm}^2=48\,\text{MPa}$
の圧縮応力状態となる．
また，反力 R は棒の直径 $d=10\,\text{cm}=100\,\text{mm}$ として，つぎのようになる．
$R=A\cdot\sigma_t=(d^2\pi/4)\cdot\sigma_t=(100^2\times\pi/4)\times48=376\,800\,\text{N}=376.8\,\text{kN}$

[2.3]
（1）この棒に生じる応力は，$\sigma=P/A=P/(D^2\pi/4)$ となる．この応力が許容引張応力度 σ_a 以下となる D を求める．したがって，$\sigma_a\geqq\sigma$ を用いて，$\sigma_a\geqq P/(D^2\pi/4)$ より
$D^2\geqq 4P/\sigma_a\pi=4\times40\times10^3/(150\times\pi)=339.7$
これより $D\geqq\sqrt{339.7}=18.43$，したがって，D は 18.5 mm 以上とする．

（2）伸び量 $\lambda=\varepsilon L=\dfrac{\sigma}{E}L=\dfrac{P}{AE}L=\dfrac{P}{D^2\pi E/4}L$ となり，この値を 3 mm 以下とするので
$3\geqq\dfrac{P}{D^2\pi E/4}L$
より

$$D^2 \geq \frac{P}{\frac{3\pi E}{4}}L = \frac{40\times 10^3}{3\pi \times 200\times 10^3/4}\times 10\times 10^3 = 849.2$$

これより $D \geq \sqrt{849.2} = 29.14$, したがって, D は 29.2 mm 以上とする.

[**2.4**] 単純引張を受ける場合の問題であるので, 次式の σ_n と τ の最大値は

$$\begin{cases} \sigma_n = p\cos\varphi = \sigma_x \cos^2\varphi \\ \tau = p\sin\varphi = \sigma_x \cos\varphi \sin\varphi = \frac{1}{2}\sigma_x \sin 2\varphi \end{cases}$$

$(\sigma_n)_{\max} = \sigma_x$ と $\tau_{\max} = \frac{1}{2}\sigma_x$ である. 問題の条件より

$$(\sigma_n)_{\max} = \sigma_x = P/A = 100\times 10^3/(35^2\pi/4) = 104\,\text{N/mm}^2 = 104\,\text{MPa}$$

$$\tau_{\max} = \frac{1}{2}\sigma_x = \frac{1}{2}\times 104 = 52\,\text{N/mm}^2 = 52\,\text{MPa}$$

となり, $(\sigma_n)_{\max} \leq \sigma_a$ は満たすが, $\tau_{\max} \leq \tau_a$ は満たさない. したがって, この棒は引張破壊に対しては安全であるが, せん断破壊に対して安全ではない.

[**2.5**]

(1) **数式を用いる場合**　組合せ応力に関する式 (2.46)～式 (2.49) を用いて, 問いの σ_x, σ_y, τ_{xy} を代入する.

① 主応力は式 (2.47) を用いて

$$\left.\begin{matrix}\sigma_{\max}\\\sigma_{\min}\end{matrix}\right\} = \frac{\sigma_x + \sigma_y}{2} \pm \sqrt{\left(\frac{\sigma_x - \sigma_y}{2}\right)^2 + \tau_{xy}^2} = \frac{55-35}{2} \pm \sqrt{\left(\frac{55+35}{2}\right)^2 + 45^2} = 10 \pm 63.6$$

となる. したがって, $\sigma_{\max} = 73.6\,\text{MPa}$, $\sigma_{\min} = -53.6\,\text{MPa}$ となる.

② 主応力面のなす角は式 (2.46) を用いて

$$\begin{cases} \varphi_1 = \frac{1}{2}\tan^{-1}\left(\frac{2\tau_{xy}}{\sigma_x - \sigma_y}\right) = \frac{1}{2}\tan^{-1}\left(\frac{2\times 45}{55+35}\right) = 22.5 \\ \varphi_2 = \frac{1}{2}\tan^{-1}\left(\frac{2\tau_{xy}}{\sigma_x - \sigma_y}\right) + \frac{\pi}{2} = \frac{1}{2}\tan^{-1}\left(\frac{2\times 45}{55+35}\right) + \frac{\pi}{2} = 22.5 + \frac{\pi}{2} = 112.5 \end{cases}$$

となる. したがって, $\varphi_1 = 22.5°$, $\varphi_2 = 112.5°$ となる.

③ 主せん断応力は式 (2.49) を用いて

$$\left.\begin{matrix}\tau_{\max}\\\tau_{\min}\end{matrix}\right\} = \pm\sqrt{\left(\frac{\sigma_x - \sigma_y}{2}\right)^2 + \tau_{xy}^2} = \pm\sqrt{\left(\frac{55+35}{2}\right)^2 + 45^2} = \pm 63.6$$

となる. したがって, $\tau_{\max} = 63.6\,\text{MPa}$, $\tau_{\min} = -63.6\,\text{MPa}$ となる.

(2) **モールの応力円を用いる場合**　横軸を直応力 σ_n と縦軸をせん断応力 τ として座標軸を描き, これに座標点 $\text{A}(\sigma_x, \tau_{xy}) = (55, 45)$ と点 $\text{B}(\sigma_x, -\tau_{xy}) = (-35, -45)$ をプロットする. 線分 AB と座標軸 σ_n との交点 $\text{C}\left(\frac{\sigma_x + \sigma_y}{2}, 0\right) = (5, 0)$

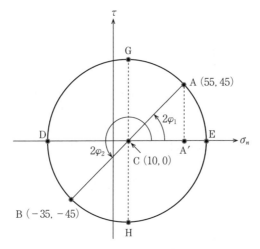

解図 2.5　モールの応力円

を中心とし，直径 AB のモールの応力円を描く（**解図 2.5**）。

モールの応力円において

① 点 E, D の σ_n 軸の値が主応力 σ_{max} と σ_{min} である。

この円の半径 AC は

△ACA′ から，AC=$\sqrt{(55-10)^2+45^2}$=63.6 となり，これより

σ_{max}=10+63.6=73.6 MPa, σ_{min}=10-63.6=-53.6 MPa

② 主応力面のなす角は φ_1 と φ_2 である。

∠ACA′ において

$$\angle \text{ACA}'=2\varphi_1=\tan^{-1}\frac{\text{AA}'}{\text{CA}'}=\tan^{-1}\frac{45}{45}=\tan^{-1}1=45°$$

また，図より，$2\varphi_2=2\varphi_1+180=225°$ である。

したがって，φ_1=22.5°, φ_2=112.5° となる。

③ モールの応力円上において，τ の最大値と最小値である点 G と H が主せん断応力 τ_{max} と τ_{min} である。図より CG，CH は円の半径であるので

τ_{max}=63.6 MPa, τ_{min}=-63.6 MPa

となる。

★3章

[3.1]

点 C に作用する力を描く（**解図 3.1**）。点 C には外力 9 kN と 2 つの部材力（S_1,

134　　　章末問題の解答

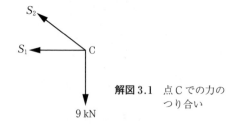

解図3.1　点Cでの力のつり合い

S_2）が作用している。この際，部材力は引張力と仮定して描く。この点における水平方向および鉛直方向の力のつり合いを考える。

水平方向：$S_1 + S_2 \dfrac{4}{5} = 0$，　鉛直方向：$S_2 \dfrac{3}{5} - 9 = 0$

これより

　　　$S_1 = -12 \text{ kN}$，$S_2 = 15 \text{ kN}$

が得られる。

[3.2]　点Cに作用する力を描く（**解図3.2**）。点Cには鉛直方向の外力$2\sqrt{2}$ kN，水平方向の外力$\sqrt{2}$ kN，および2つの部材力（S_1, S_2）が作用している。この際，部材力は引張と仮定して描画する。この点における水平方向および鉛直方向の力のつり合いを考える。

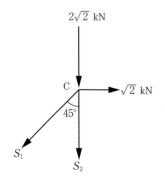

解図3.2　点Cでの力のつり合い

水平方向：$\dfrac{\sqrt{2}}{2} S_1 - \sqrt{2} = 0$，　鉛直方向：$\dfrac{\sqrt{2}}{2} S_1 + S_2 + 2\sqrt{2} = 0$

これより

　　　$S_1 = 2 \text{ kN}$，$S_2 = -3\sqrt{2}$ kN

が得られる。

[3.3]　まず，3つの反力を求める。R_Aを求めるには，支点B回りのモーメントのつ

り合い式を用いる。すなわち

$$R_A \times 8 - P \times 6 - P \times 4 - P \times 2 = 0 \quad \therefore R_A = \frac{3}{2}P$$

R_B を求めるには，鉛直方向の力のつり合いの式を用いればよい。

$$P + P + P - R_A - R_B = 0 \quad \therefore R_B = \frac{3}{2}P$$

H_A を求めるためには，水平方向の力のつり合いの式を用いる。

$$H_A = 0$$

（1） **節点法**で部材力を求める。

① 支点Aに作用する力を描く（**解図3.3**（a））。

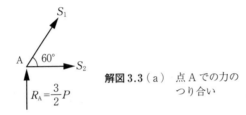

解図3.3（a） 点Aでの力の つり合い

支点Aには反力（R_A）と2つの部材力（S_1, S_2）が作用している。この際，部材力は引張力と仮定して描画する。この点における水平方向および鉛直方向の力のつり合いを考える。

水平方向：$\frac{1}{2}S_1 + S_2 = 0$, 鉛直方向：$\frac{\sqrt{3}}{2}S_1 + \frac{3}{2}P = 0$

$$\therefore S_1 = -\sqrt{3}P, \quad S_2 = \frac{\sqrt{3}}{2}P$$

② 点Cに作用する力を描く（**解図3.3**（b））。

解図3.3（b） 点Cでの力の つり合い

未知数は S_3, S_4 の2つであり，水平方向および鉛直方向の2つのつり合いの式から求められる。

水平方向：$\frac{\sqrt{3}}{2}P - S_4 = 0$, 鉛直方向：$S_3 = 0$（ゼロ部材）

$$\therefore S_3 = 0, \quad S_4 = \frac{\sqrt{3}}{2}P$$

③ 点Fに作用する力を描く（**解図3.3**（c））。

未知数は S_5, S_6 の2つであり，水平方向および鉛直方向の2つのつり合いの式から求められる。

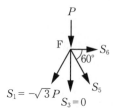

解図3.3（c） 点Fでの力の
　　　　　　　つり合い

水平方向：$\frac{1}{2}(-\sqrt{3}P) - \frac{1}{2}S_5 - S_6 = 0$， 鉛直方向 $P + \frac{\sqrt{3}}{2}(-\sqrt{3}P) + \frac{\sqrt{3}}{2}S_5 = 0$

$$\therefore S_5 = \frac{\sqrt{3}}{3}P, \quad S_6 = -\frac{2\sqrt{3}}{3}P$$

（2）**断面法**で部材力 S_4, S_5, S_6 を求める。

解図3.3（d）に示すように S_4, S_5, S_6 を含む断面でトラス全体を切断する。

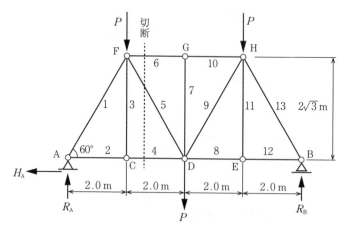

解図3.3（d）

切断した左半分を取り出し，それに作用する外力と反力と部材力を描く（**解図3.3**（e））。S_4 を求めるには，S_5 と S_6 が交わる点F回りのモーメントのつり合いを用いる。

$$\frac{3}{2}P \times 2.0 - S_4 \times 2\sqrt{3} = 0 \quad \therefore S_4 = \frac{\sqrt{3}}{2}P$$

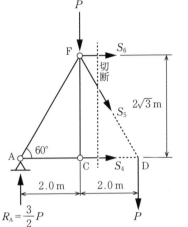

解図3.3（e）

S_6 を求めるには，S_4 と S_5 が交わる点 D 回りのモーメントのつり合いを用いる。

$$\frac{3}{2}P \times 4.0 - P \times 2.0 + S_6 \times 2\sqrt{3} = 0 \quad \therefore S_6 = -\frac{2\sqrt{3}}{3}P$$

S_5 を求めるには，鉛直方向の力のつり合いを用いる。

$$P + \frac{\sqrt{3}}{2}S_5 - \frac{3}{2}P = 0 \quad \therefore S_5 = \frac{\sqrt{3}}{3}P$$

これらの部材力は節点法で求めた値と一致している。

[3.4]
（1） **節点法**で部材力を求める。
① 点 D に作用する力を描く（**解図 3.4（a）**）。

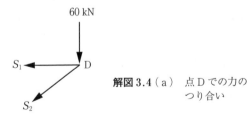

解図3.4（a） 点 D での力の
つり合い

点 D には外力 60 kN と 2 つの部材力（S_1, S_2）が作用している。この際，部材力は引張力と仮定して描く。この点における水平方向および鉛直方向の力のつり合いを考える。

水平方向：$S_1 + \frac{4}{5}S_2 = 0$，鉛直方向：$\frac{3}{5}S_2 + 60 = 0$

$\therefore S_1 = 80\,\text{kN}, \quad S_2 = -100\,\text{kN}$

② 点Cに作用する力を描く(**解図3.4(b)**)。
未知数はS_3, S_4の2つであり,水平方向および鉛直方向の2つのつり合いの式から求められる。

解図3.4(b) 点Cでの力の
つり合い

水平方向:$80 - S_4 = 0$, 鉛直方向:$60 + S_3 = 0$

$\therefore S_3 = -60\,\text{kN}, \quad S_4 = 80\,\text{kN}$

③ 点Eに作用する力を描く(**解図3.4(c)**)。

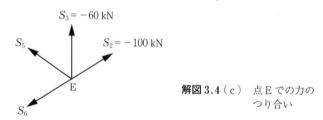

解図3.4(c) 点Eでの力の
つり合い

未知数はS_5, S_6の2つであり,水平方向および鉛直方向の2つのつり合いの式から求められる。

水平方向:$\dfrac{4}{5}(-100) - \dfrac{4}{5}S_5 - \dfrac{4}{5}S_6 = 0$, 鉛直方向:$-60 + \dfrac{3}{5}(-100) + \dfrac{3}{5}S_5 - \dfrac{3}{5}S_6 = 0$

$\therefore S_5 = 50\,\text{kN}, \quad S_6 = -150\,\text{kN}$

(2) **断面法**で部材力S_4, S_5, S_6を求める。

解図3.4(d)に示すようにS_4, S_5, S_6を含む断面でトラス全体を切断する。
切断した右半分を取り出し,それに作用する外力と反力と部材力を描画する(**解図3.4(e)**)。

S_4を求めるには,S_5とS_6が交わる点E回りのモーメントのつり合いを用いる。

$60 \times 4.0 - S_4 \times 3.0 = 0 \quad \therefore S_4 = 80\,\text{kN}$

S_6を求めるには,S_4とS_5が交わる点B回りのモーメントのつり合いを用いる。

$60 \times 8.0 + 60 \times 4.0 + S_6 \times \dfrac{3}{5} \times 8.0 = 0 \quad \therefore S_6 = -150\,\text{kN}$

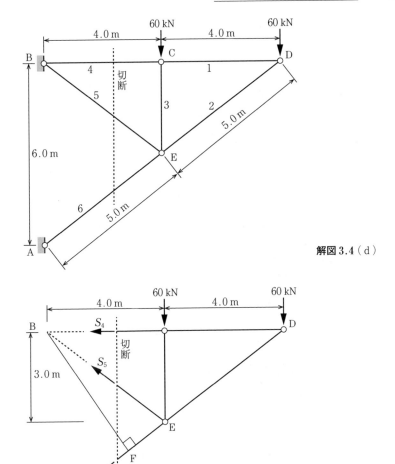

解図 3.4（d）

解図 3.4（e）

S_5 を求めるには，鉛直方向の力のつり合いを用いる．

$$\frac{3}{5}S_5 - \frac{3}{5}S_6 - 60 - 60 = 0 \qquad \therefore S_5 = 50 \text{ kN}$$

これらの部材力は節点法で求めた値と一致している．

[**3.5**] まず，3つの反力を求める．R_A を求めるには，点 B 回りのモーメントのつり合いの式を用いる．すなわち，

$$R_A \times 8.0 - P \times 6.0 - P \times 4.0 - P \times 2.0 = 0 \qquad \therefore R_A = \frac{3}{2}P$$

R_B を求めるには，鉛直方向の力のつり合いの式を用いればよい．

$$3P - R_A - R_B = 0 \quad \therefore R_B = \frac{3}{2}P$$

H_A を求めるには，水平方向の力のつり合いの式を用いる。

$$H_A = 0$$

（1）**節点法**で部材力を求める。

① 点Fに作用する力を描く（**解図 3.5**（a））。

解図 3.5（a）　点Fでの力のつり合い

点Fに2つの部材力（S_1, S_4）が作用している。この際，部材力は引張と仮定して描画する。この点における水平方向および鉛直方向の力のつり合いを考えると，

水平方向：$S_4 = 0$，　鉛直方向：$S_1 = 0$

が得られる。

② 点Aに作用する力を描く（**解図 3.5**（b））。

解図 3.5（b）　点Aでの力のつり合い

未知数は S_2, S_3 の2つであり，水平方向および鉛直方向の2つのつり合いの式から求められる。

水平方向：$S_2 + \frac{\sqrt{2}}{2}S_3 = 0$，　鉛直方向：$\frac{\sqrt{2}}{2}S_3 + \frac{3}{2}P = 0$

$$\therefore S_2 = \frac{3}{2}P, \quad S_3 = -\frac{3\sqrt{2}}{2}P$$

③ 点Gに作用する力を描く（**解図 3.5**（c））。

F G
$S_4 = 0$ ← 45° → S_8
$S_3 = -\frac{3\sqrt{2}}{2}P$　S_5

解図 3.5（c）　点Gでの力のつり合い

章末問題の解答　141

未知数は S_5, S_8 の2つであり，水平方向および鉛直方向の2つのつり合いの式から求められる。

水平方向：$\dfrac{\sqrt{2}}{2}S_3 - S_8 = 0$，　鉛直方向：$\dfrac{\sqrt{2}}{2}S_3 + S_5 = 0$

∴ $S_5 = \dfrac{3}{2}P$，　$S_8 = -\dfrac{3}{2}P$

④　点Cに作用する力を描く（**解図 3.5（d）**）。

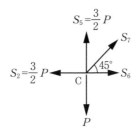

解図 3.5（d）　点Cでの力のつり合い

未知数は S_6, S_7 の2つであり，水平方向および鉛直方向の2つのつり合いの式から求められる。

水平方向：$S_2 - \dfrac{\sqrt{2}}{2}S_7 - S_6 = 0$，　鉛直方向　$\dfrac{\sqrt{2}}{2}S_7 + S_5 - P = 0$

∴ $S_6 = 2P$，　$S_7 = -\dfrac{\sqrt{2}}{2}P$

（2）**断面法**で部材力 S_6, S_7, S_8 を求める。

解図 3.5（e） に示すように S_6, S_7, S_8 を含む断面でトラス全体を切断する。切断した左半分を取り出し，それに作用する外力と反力と部材力を描画する（**解図**

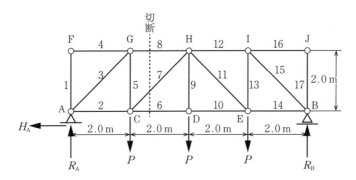

解図 3.5（e）

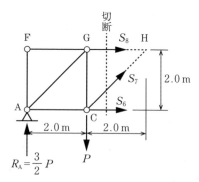

解図 3.5（f）

3.5（f））。S_6 を求めるには，S_7 と S_8 が交わる点 H まわりのモーメントのつり合いを用いる。

$$\frac{3}{2}P \times 4.0 - P \times 2.0 - S_6 \times 2.0 = 0 \quad \therefore S_6 = 2P$$

S_8 を求めるには，S_6 と S_7 が交わる点 C まわりのモーメントのつり合いを用いる。

$$\frac{3}{2}P \times 2.0 + S_8 \times 2.0 = 0 \quad \therefore S_8 = -\frac{3}{2}P$$

S_7 を求めるには，鉛直方向の力のつり合いを用いる。

$$\frac{3}{2}P - P + \frac{\sqrt{2}}{2}S_7 = 0 \quad \therefore S_7 = -\frac{\sqrt{2}}{2}P$$

これらの部材力は節点法で求めた値と一致している。

このように，三角形の数が多いトラスにおいて，特定の部材力を求めるには節点法は効率的ではなく，断面法を用いれば直接に特定の部材力が求められる。

★ 4 章

[4.1] 解図 4.1

$+\uparrow \sum V = 0; \quad V_A - 10 - 5 + V_B = 0$

$+\curvearrowleft \sum M = 0 \; at \; A; \quad +10 \times 4 + 5 \times 7 - V_B \times 10 = 0$

$$\Rightarrow V_B = 7.5 \text{ kN}, \quad V_A = 7.5 \text{ kN}$$

[4.2] 解図 4.2

$+\uparrow \sum V = 0; \quad V_A - (0.8 \times 6) - 10 + V_B = 0$

$+\curvearrowleft \sum M = 0 \; at \; A; \quad +(0.8 \times 6) \times 3 + 10 \times 7 - V_B \times 10 = 0$

$$\Rightarrow V_B = 8.44 \text{ kN}, \quad V_A = 6.36 \text{ kN}$$

[4.3] 解図 4.3

$+\uparrow \sum V = 0; \quad V_A - 10 = 0 \Rightarrow V_A = +10 \text{ kN}$

章末問題の解答

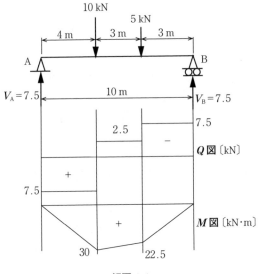

解図 4.1

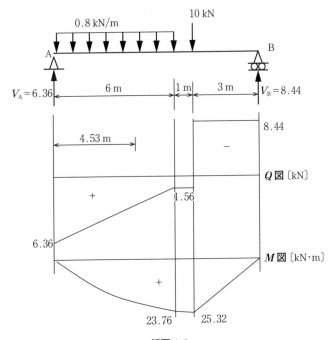

解図 4.2

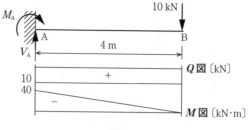

解図 4.3

$+ \curvearrowright \Sigma M = 0 \ \ at\,A\,;\ \ +M_A+10 \times 4 = 0 \Rightarrow M_A = -40\,\mathrm{kN \cdot m}$

[4.4] 解図 4.4

$+ \uparrow \Sigma V = 0\,;\ \ -2+V_B-5+V_C-10=0$

$+ \curvearrowright \Sigma M = 0 \ at\,B\,;\ \ -2 \times 2 + 5 \times 2 - V_C \times 4 + 10 \times 6 = 0$

$\Rightarrow V_C = 16.5\,\mathrm{kN},\quad V_B = 0.5\,\mathrm{kN}$

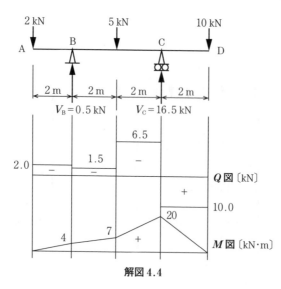

解図 4.4

[4.5]
$$G_o = (10 \times 40) \times \frac{40}{2} + (40 \times 10) \times \left(40 + \frac{10}{2}\right) = 26\,000 \text{ cm}^3$$
$$A = 10 \times 40 + 40 \times 10 = 800 \text{ cm}^2$$
$$\bar{y} = \frac{G_o}{A} = \frac{26\,000}{800} = 32.5 \text{ cm}$$
$$I_① = \frac{10 \times 40^3}{12} + 400 \times (32.5 - 20)^2 = 115\,800 \text{ cm}^4$$
$$I_② = \frac{40 \times 10^3}{12} + 400 \times (45 - 32.5)^2 = 65\,800 \text{ cm}^4$$
$$I_{\bar{y}} = I_① + I_② = 182\,000 \text{ cm}^4$$

[4.6] 矩形断面のせん断応力は $\tau = QG/Ib$ で与えられる。
$$I = \frac{bh^3}{12}$$
$$G_{h/4 \sim h/2} = \int_{h/4}^{h/2} y\, dA = \int_{h/4}^{h/2} y\, b\, dy = \frac{b}{2}[y^2]_{h/4}^{h/2} = \frac{3}{32}bh^2, \text{ または}$$
$$= \frac{h}{4} \times b \times \left(\frac{h}{4} + \frac{h}{4}\cdot\frac{h}{2}\right) = \frac{3}{32}bh^2$$

であるから，$h/4$ 点のせん断応力は次式で与えられる。
$$\tau = \frac{9Q}{8A} \quad (A = bh)$$

[4.7] 解図 4.5 に示す。

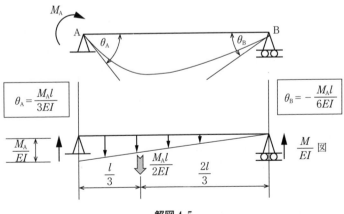

解図 4.5

[4.8] 片持ちばりなので**解図 4.6**に示すように，共役ばりの固定支点は左側になる．

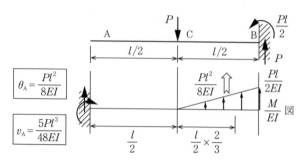

解図 4.6

★ 5 章

[5.1] x 軸を三角形底面に沿ってとり断面一次モーメント G_x を考えると，$h_G = G_x/A$

$$G_x = \int_z z b(z) dz = \int_0^h z\left(b - \frac{b}{h}z\right) dz = b\int_0^h z\left(1 - \frac{z}{h}\right) dz$$

$$= b\left[\frac{z^2}{2} - \frac{z^3}{3h}\right]_0^h = b\left(\frac{h^2}{2} - \frac{h^3}{3h}\right) = \frac{bh^2}{6}$$

$A = \dfrac{bh}{2}$ なので

$$h_G = \frac{G_x}{A} = \frac{bh^2}{6}\frac{2}{bh} = \frac{h}{3}$$

[5.2] x 軸を台形底面にとり，断面 1 次モーメント G_x を考えると，$h_G = G_x/A$

$$G_x = \int_z z b(z) dz = \int_0^h z\left(b - \frac{b-a}{h}z\right) dz = \left[b\frac{z^2}{2} - \frac{b-a}{h}\frac{z^3}{3}\right]_0^h = b\frac{h^2}{2} - \frac{(b-a)}{h}\frac{h^3}{3}$$

$$= \frac{bh^2}{2} - \frac{h^2}{3}(b-a) = \frac{h^2(b+2a)}{6}$$

$A = \dfrac{(a+b)h}{2}$ なので

$$h_G = \frac{h^2(b+2a)}{6}\frac{2}{(a+b)h} = \frac{h}{3}\frac{2a+b}{a+b}$$

[5.3] 全静水圧の大きさは

$$P = \rho g h_G A = \rho g \frac{z_1 + z_2}{2}(z_2 - z_1) b$$

全静水圧の作用位置は，式 (5.20) より

$$h_C = \frac{b(z_2-z_1)^3/12}{b(z_1+z_2)(z_2-z_1)/2} + \frac{z_1+z_2}{2}$$

$$= \frac{(z_2-z_1)^2}{6(z_1+z_2)} + \frac{z_1+z_2}{2} = \frac{1}{6}\frac{(z_2-z_1)^2+3(z_1+z_2)^2}{(z_1+z_2)} = \frac{2}{3}\frac{z_1^2+z_1z_2+z_2^2}{z_1+z_2}$$

[5.4] 傾斜平面に作用する全静水圧は，$P = \rho g \sin\alpha \cdot s_G A = \rho g h_G A$

$s_G = \dfrac{s_1+s_2}{2}$ なので

全静水圧 $P = \rho g s_G \sin\alpha A = \rho g \dfrac{s_1+s_2}{2} \sin\alpha \cdot b(s_2-s_1) = \rho g b \sin\alpha \dfrac{s_2^2-s_1^2}{2}$

全静水圧の作用位置は，式（5.39）より

$$s_C = s_G + \frac{I_0}{s_G A} = \frac{s_1+s_2}{2} + \frac{1}{12}b\cdot(s_2-s_1)^3 \frac{2}{s_1+s_2}\frac{1}{b(s_2-s_1)}$$

$$= \frac{s_1+s_2}{2} + \frac{1}{6}\cdot\frac{(s_2-s_1)^2}{s_1+s_2} = \frac{1}{6}\frac{3(s_1+s_2)^2+(s_2-s_1)^2}{s_1+s_2} = \frac{2}{3}\frac{s_1^2+s_1s_2+s_2^2}{s_1+s_2}$$

となり，鉛直面に作用する場合と同じ形になる．

[5.5] 全静水圧の水平成分は

$P_x = \rho g h_{Gx} A_x = 1\,000 \text{ kg/m}^3 \times 9.8 \text{ m/s}^2 \times 1.5 \text{ m} \times 15 \text{ m}^2 = 220\,500 \text{ N}$

$h_C = h_G + \dfrac{I_0}{h_G A} = 1.5 + \dfrac{5\times 3^3/12}{1.5\times 15} = 2 \text{ m}$

全水圧の鉛直成分は，ゲートが存在しなかったらゲートの上にのるであろう水の重さ（斜線部分）に等しい．

$P_z = \rho g V = \rho g \times \dfrac{1}{4}\pi r^2 \times D = 1\,000 \text{ kg/m}^3 \times 9.8 \text{ m/s}^2 \times \dfrac{1}{4}\pi \times 3^2 \text{ m}^2 \times 5 \text{ m}$

$= 346\,361 \text{ N}$

全水圧の水平成分と鉛直成分の点 O まわりのモーメントは 0 になるから

$P_x \times h_C = P_z \times x$

ゆえに，作用位置 x はつぎのようになる．

$x = \dfrac{P_x h_C}{P_z} = \dfrac{220\,500 \text{ N} \times 2 \text{ m}}{346\,361 \text{ N}} = 1.273 \text{ m}$

索　引

【あ】
圧縮応力　　　　　　23
圧縮性　　　　　　　110
圧縮ひずみ　　　　　26
圧縮率　　　　　　　110
圧縮力　　　　　　　54

【う】
うでの長さ　　　　　8

【え】
永久ひずみ　　　　　32

【お】
応　力　　　　　　18, 22
応力-ひずみ線図　　　31

【か】
回転運動　　　　　　12
重ね合わせの理　　　36
荷　重　　　　　　　1
片持ちばり　　　　74, 75

【き】
基本単位　　　　　　108
基本量　　　　　　　108
共役せん断応力　　　43
共役ばり　　　　101, 102
極　　　　　　　　　50
曲率 $1/\rho$　　　　　　96
曲率の微分方程式　　96

【く】
偶　力　　　　　　　14

【け】
組合せ応力　　　　　40
組立単位　　　　　　108
組立量　　　　　　　108

【け】
ゲルバーばり　　　　74

【こ】
剛　体　　　　　　　12
　──のつり合い　　12
降　伏　　　　　　　32
降伏点　　　　　　　32
国際単位系（SI）　　108

【さ】
三角図形の図心　　　90
残留ひずみ　　　　　32

【し】
軸の移動　　　　　　92
軸　力　　　　　　　78
次　元　　　　　106, 110
集中荷重　　　　　　2
主応力　　　　　　　45
主応力面　　　　　　45
主せん断応力　　　　45
主せん断応力面　　　45

【す】
水　圧　　　　　　　107
垂直応力　　　　　　24
垂直ひずみ　　　　　27
図　心　　　　　　　88

【せ】
静水圧　　　　　　　111
　──の等方性　　　111
静定条件　　　　　　73
積　分　　　　　　　72
せん断応力　　　　　24
せん断弾性係数　　　33
せん断ひずみ　　　　27
せん断力　　　　　24, 78
線膨張係数　　　　　29

【そ】
塑　性　　　　　　　32
塑性変形　　　　　　32

【た】
体積弾性係数　　　　110
体積ひずみ　　　　　28
縦弾性係数　　　　　33
縦ひずみ　　　　　　27
たわみの微分方程式　98
単　位　　　　　　　106
単純ばり　　　　　74, 75
弾　性　　　　　　　32
弾性荷重　　　　　　101
弾性係数　　　　　19, 33
弾性限度　　　　　　32
弾性変形　　　　　　32
単せん断継手　　　　38
断面1次モーメント　88, 115
断面1次モーメントと
　せん断応力　　　　94
断面2次モーメント
　　　　　　　91, 116, 120

索　　　引

【た】
断面力　　　　　　　　　　78
断面力と荷重の関係　　　　79

【ち】
力　　　　　　　　　　　　 1
　　——の合成　　　　　　 5
　　——の作用線の法則　　 3
　　——の三角形　　　　　 5
　　——の3要素　　　　　　3
　　——のつり合い　　1, 9, 77
　　——の分解　　　　　　 6
　　——のモーメント　　　13
直応力　　　　　　　　　　24

【と】
等分布荷重　　　　　　　　15
特性方程式　　　　　　　　73

【な】
内　力　　　　　　　　　　22

【ね】
ねじり応力　　　　　　　　25
熱応力　　　　　　　　　　39
熱ひずみ　　　　　　　　　29

【は】
張出ばり　　　　　　　74, 76

【ひ】
ひずみ　　　　　　　　18, 25
引張応力　　　　　　　　　22
引張強度　　　　　　　　　32
引張強さ　　　　　　　　　32
引張ひずみ　　　　　　　　26
引張力　　　　　　　　　　53
微　分　　　　　　　　　　71
微分方程式　　　　　　　　72
比例限度　　　　　　　　　32

【ふ】
不安定ばり　　　　　　　　74
複せん断継手　　　　　　　39
不静定構造物　　　　　　　38
フックの法則　　　16, 19, 33
物理量　　　　　　　　　 108
分布荷重　　　　　　　　　 2

【へ】
平行四辺形の法則　　　　　 5
並進運動　　　　　　　　　12
ベクトルの足し算　　　　　77
変形量　　　　　　　　　　26

【ほ】
ポアソン数　　　　　　　　27
ポアソン比　　　　　　　　27

【ま】
ボルト継手　　　　　　　　38

【ま】
曲げ応力　　　　　　　　　25
曲げモーメント　　　　　　78

【み】
密　度　　　　　　　　　 107
水の圧縮性　　　　　　　 110

【も】
モーメント　　　　　　　7, 8
　　——のつり合い　　　　13
モールの応力円　　　　47, 49
モールの定理と
　共役ばり　　　　　　　 101

【や】
ヤング係数　　　　　　19, 33

【よ】
横ひずみ　　　　　　　　　27

【り】
リベット継手　　　　　　　38

【れ】
連鎖法則　　　　　　　　　72

【C】
CGS単位系　　　　　　　 108

【M】
MKS単位系　　　　　　　 108

【S】
SI　　　　　　　　　　　 108
SI接頭語　　　　　　　　 109

―― 著 者 略 歴 ――

笠井　哲郎（かさい　てつろう）
1982 年　防衛大学校理工学専攻土木工学科卒業
1990 年　広島大学大学院工学研究科博士後期課程修了（構造工学専攻）
　　　　　工学博士
1991 年　小野田セメント（現，太平洋セメント）株式会社
1994 年　東海大学講師
1997 年　東海大学助教授
2004 年　東海大学教授
2023 年　逝去

島﨑　洋治（しまざき　ようじ）
1971 年　東海大学工学部土木工学科卒業
1980 年　コロラド州立大学大学院博士課程修了（土木工学専攻），Ph.D.
1987 年　工学博士（東北大学）
1993 年　東海大学教授
2014 年　東海大学特任教授
2016 年　東海大学非常勤講師
2019 年　東海大学名誉教授

中村　俊一（なかむら　しゅんいち）
1974 年　京都大学工学部交通土木工学科卒業
1976 年　京都大学大学院工学研究科修士課程修了（交通土木工学専攻）
1976 年　新日本製鐵株式会社
1986 年　ロンドン大学インペリアルカレッジ博士課程修了（土木工学専攻），Ph.D.
1997 年　東海大学教授
2016 年　東海大学特任教授
2018 年　東海大学非常勤講師
2021 年　東海大学名誉教授

三神　厚（みかみ　あつし）
1991 年　山梨大学工学部土木工学科卒業
1993 年　東京大学大学院工学系研究科修士課程修了（土木工学専攻）
1994 年　東京大学大学院工学系研究科博士課程中途退学（土木工学専攻）
1994 年　東京大学助手
1998 年　博士（工学）（東京大学）
1999 年　徳島大学助手
2005 年
　～06 年　カリフォルニア大学ロサンゼルス校滞在研究員（兼任）
2007 年　徳島大学大学院准教授
2016 年　東海大学教授
　　　　　現在に至る

土木基礎力学
Basic Mechanics for Civil Engineering
© Tetsuro Kasai, Yoji Shimazaki, Shunichi Nakamura, Atsushi Mikami 2018

2018 年 4 月 6 日　初版第 1 刷発行　　　　　　　　　　　　　　★
2025 年 3 月 5 日　初版第 2 刷発行

検印省略	著　者	笠　井　哲　郎		
		島　﨑　洋　治		
		中　村　俊　一		
		三　神　　　厚		
	発行者	株式会社　コロナ社		
	代表者　牛来真也			
	印刷所	新日本印刷株式会社		
	製本所	有限会社　愛千製本所		

112-0011　東京都文京区千石 4-46-10
発 行 所　株式会社　コロナ社
CORONA PUBLISHING CO., LTD.
Tokyo Japan
振替 00140-8-14844・電話(03)3941-3131(代)
ホームページ　https://www.coronasha.co.jp

ISBN 978-4-339-05255-8　　C3051　　Printed in Japan　　　　　　(大井)

JCOPY <出版者著作権管理機構 委託出版物>

本書の無断複製は著作権法上での例外を除き禁じられています。複製される場合は、そのつど事前に、出版者著作権管理機構 (電話 03-5244-5088, FAX 03-5244-5089, e-mail: info@jcopy.or.jp) の許諾を得てください。

本書のコピー、スキャン、デジタル化等の無断複製は著作権法上での例外を除き禁じられています。購入者以外の第三者による本書の電子データ化及び電子書籍化は、いかなる場合も認めていません。
落丁・乱丁はお取替えいたします。

土木・環境系コアテキストシリーズ

■編集委員長　日下部 治
■編集委員　小林 潔司・道奥 康治・山本 和夫・依田 照彦

（各巻A5判，欠番は品切です）

共通・基礎科目分野

配本順			頁	本体
A-1	(第9回)	土木・環境系の力学	斉木 功著	208	2600円
A-2	(第10回)	土木・環境系の数学 ―数学の基礎から計算・情報への応用―	堀・市村共著	188	2400円
A-3	(第13回)	土木・環境系の国際人英語	井合・Steedman共著	206	2600円

土木材料・構造工学分野

B-1	(第3回)	構造力学	野村 卓史著	240	3000円
B-2	(第19回)	土木材料学	中村・奥松共著	192	2400円
B-3	(第24回)	コンクリート構造学（改訂版）	宇治 公隆著	240	3100円
B-4	(第21回)	鋼構造学（改訂版）	舘石 和雄著	240	3000円

地盤工学分野

C-2	(第6回)	地盤力学	中野 正樹著	192	2400円
C-3	(第2回)	地盤工学	高橋 章浩著	222	2800円
C-4		環境地盤工学	勝見 武著		

水工・水理学分野

D-1	(第11回)	水理学	竹原 幸生著	204	2600円
D-2	(第5回)	水文学	風間 聡著	176	2200円
D-3	(第18回)	河川工学	竹林 洋史著	200	2500円
D-4	(第14回)	沿岸域工学	川崎 浩司著	218	2800円

土木計画学・交通工学分野

E-1	(第17回)	土木計画学	奥村 誠著	204	2600円
E-2	(第20回)	都市・地域計画学	谷下 雅義著	236	2700円
E-3	(第22回)	改訂交通計画学	金子・有村・石坂共著	236	3000円
E-5	(第16回)	空間情報学	須﨑・畑山共著	236	3000円
E-6	(第1回)	プロジェクトマネジメント	大津 宏康著	186	2400円
E-7	(第15回)	公共事業評価のための経済学	石倉・横松共著	238	2900円

環境システム分野

F-1	(第23回)	水環境工学	長岡 裕著	232	3000円
F-2	(第8回)	大気環境工学	川上 智規著	188	2400円
F-3		環境生態学	西村・山田・中野共著		

定価は本体価格+税です。
定価は変更されることがありますのでご了承下さい。

図書目録進呈◆